鐵板燒

究極技法全書

TEPPANYAKI NOW!

柴田書店／編著

安珀／譯

前言

高品質的食材，
簡單細膩且能發揮食材特色的烹調方式，
廚師以富娛樂性的手法在眼前製作料理的臨場感……

鐵板燒具備了這三個要素，是日本引以為傲的料理文化。
不論其中哪一個要素，都符合現代美食的主題，
在日本國內外受到矚目的程度越來越高。

本書從專業的基本技術，
到配合飲食多樣化的餐飲進化、各式主題的展現，
將為各位介紹餐飲界有關鐵板燒的最新資訊。

希望各位能認識鐵板燒行業發展的「現狀」。
在鐵板燒料理的商業模式、周到服務的態度當中，
隱藏著無限的可能。

Contents

本書使用須知

●烹調解說中的鐵板溫度、加熱時間、材料的分量，請作為參考標準。這些都會受到所用器械等條件影響而有所不同。

●在食譜材料表中，如果沒有特別寫出倒在鐵板上的油品名稱，就是使用普通的植物油。此外，有時候基本的「鹽、胡椒」並不會標示出來。

●在食譜中，各種配料的完成分量並沒有統一的單位，會視情況標示成「1盤份」、「容易製作的分量」等。請酌情參考。

●有關書中刊載之店鋪的營業時間、菜單內容、價格範例等資訊，乃根據採訪當時（未設想縮短營業時間等）為準。任何一項都有隨時變更的可能。標示的價格已經含稅。

Part 1
認識鐵板燒

所謂鐵板燒，指的是什麼呢？──想知道的話，首先要了解它所需要的機器、器具和技術。這些細膩的技術是透過日本人的感性培育出來的，為了尋求如何將日本自豪的和牛等食材煎製得美味可口、如何讓品嘗的人愉快地享用。此外，正是因為利用鐵板加熱才有辦法表現的技術為何，此一觀點也不可錯過。

稱作鐵板的烹調機器

加熱系統的基礎知識

|01| 鐵板的素材

鐵板是什麼？

所謂鐵板，正是以鐵製成的金屬板。不過生活中所使用的鐵，多半不是純粹的鐵（Fe），而是鐵與碳結合的合金，也就是鋼鐵（Fe-C）。鋼鐵是在容易氧化又缺乏柔軟性的鐵當中增加含碳量，補強其易碎性的製品。當然鐵板燒所使用的鐵板也是鋼鐵*。

鐵板燒的鐵板素材，多數與建築和土木工程所使用的相同，是最一般的SS（Steel Structure）材，也就是「SS400」**這種規格的鋼鐵。

也有使用碳鋼鋼材SC（Steel Carbon）材製作鐵板的例子。有「S45C」（含碳量0.42～0.48%），「S50C」（含碳量0.47～0.53%）等。雖然價格昂貴，但是與含碳量低的SS材相較之下，硬度很高，即使在鐵板上使用刀子切割食材也不易留下刮痕。以煎板清潔絨片清理鐵板也不易產生磨損，光是那樣使用壽命就很長了。

表面的加工

鐵板燒的鐵板要做得漂亮有光澤。除了素材能平均地傳導熱力之外，也要讓刀子的刀尖能在上面劃過，如果表面有彎曲、凹陷或粗糙的情形會造成使用上的困擾。鐵板是將生鐵板用手動或是機器研磨，必須提高平面均一性之後才能成為製品。使用之後，表面會有微細的汙垢或刮痕。每天都必須研磨表面，使其恢復原來的狀態。

此外，在文字燒店的客席鐵板等處所使用的「黑皮」鐵板，其鋼材的製造是以去除水分為目的進行淬火處理之後，在未經研磨且呈灰色狀態的鐵板上塗油，然後從較低的溫度開始慢慢地加熱，使其變色成黑色。由於外表有一層膜，因此保養時無法進行研磨。使用黑皮鐵板的原因是麵食料理不易沾黏在上面，可以用抹布輕易且迅速清理乾淨等緣故。

＊鋼鐵的含碳量在0.02～2%左右。決定其性質的因素有很多，但是大致上來說，含碳量越高，鐵板越硬、越強韌；相反地，碳含量越低，鐵板越會失去韌性（延伸的強度＝柔軟度）。

＊＊數字代表「延伸的強度 N/mm²（MPa）」。SS400的鋼鐵，大約為400～510 N/mm²。雖然沒有內容成分的規格，但是含碳量大約是0.15～0.2%左右。

訂製的鐵板，尺寸一般是寬度約450mm～3000mm。殘渣孔的有無、靠廚師那側的邊緣規格，也各有不同。

| 02 | 加熱系統

　　鐵板燒的熱源，首先可以分為瓦斯式和電力式兩大類。電力式煎台又分為電力加熱器、低周波IH、高周波IH、碳素燈管等。一起來看看它們各自的加熱構造和特色吧！

＊這個系統是在爐頭處設置排氣口，透過管道和排風扇強制排除不需要的熱氣。這也能減輕廚師的身體負擔和空調的負荷。

【瓦斯式】

　　這是從以前就一直使用到現在的煎台形式，原理是「瓦斯爐頭被鐵板蓋住」的構造。這類製品有圓形局部集中型的圓形爐頭與延伸範圍廣泛的H型爐頭等。鐵板的厚度是16～25mm。

　　購置成本比電力式來得低。另一方面，除了輻射熱之外，受到排熱的影響，周邊的溫度（尤其是廚師側）容易變高，會造成空調負荷。油霧也很容易懸浮在空中。基本規格是自然排氣式，如果想要打造更舒適的環境，可裝設強制排氣系統＊。

　　根據同一塊鐵板內的不同位置（距離熱源的遠近），溫度會有相當大的差異。反過來說，這樣就能同時分別使用高溫、中溫、低溫來烹調。此外，可以手動瞬間加強溫度也是它的優點。不過，廚師需要更高超的技術和更敏銳的直覺。

　　使用未經淬火處理的生鐵板製成的簡易瓦斯式鐵板，購入之後，在使用之前必須進行「淬火」。這是指長時間以低溫慢慢地加熱，製造氧化熱的過程。如果沒有經過這個過程，鐵板會產生彎曲或變形。

【電力式】

　　雖然與瓦斯式相較之下，要花費較高的購置成本，但是電力式煎台的熱效率很高，而且不會產生燃燒廢氣，易於保持潔淨的空氣環境，這是它的優點。因此在換氣或空調設備方面，能夠壓低營運成本。溫度設定很簡單，而且十分容易照表操作。

　　真正的電力加熱式煎台上市的時間是在1990年左右。因為可以用較為經濟實惠的價格購齊設備，加上組合的自由度也很高，所以受到廣泛的使用。另一方面，緊跟在後的IH（Induction Heating）煎台也隨即登場。在新開業的飯店

瓦斯式

[側面圖]

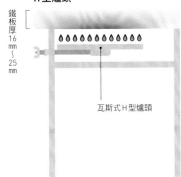

圓形爐頭　　　　　　　　　　H型爐頭

鐵板厚16～25mm

瓦斯式圓形爐頭　　　　　　瓦斯式H型爐頭

[俯視圖]

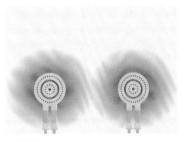

圓形爐頭

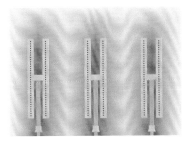

H型爐頭

因為電氣化廚房的引進而受到注目。最初是由高周波類型開始普及，但是出現故障很多等不良狀況，因而開始有衰退的傾向，而同樣是IH煎台，但原理不同的低周波類型漸漸成為現今的主流。從2003年起，使用碳素燈管作為加熱器的製品開始登場。

電力加熱式煎台

在鐵板下方設置加熱器，下部以隔熱板遮蓋的構造。

因為是透過熱傳導的方式將熱力傳輸到鐵板，所以鐵板的厚度最多到20mm為止（超過這個厚度的話，不易變熱又不易變冷，會很難調整溫度）。

到達設定溫度之後，即使關掉加熱器，蓄積在隔熱板內的熱度在全部消散完畢之前，對鐵板的熱傳導作用仍在持續進行，所以會出現溫度過衝的狀況。為了控制這種狀況，有類比式、數位式、微電腦PID控制式等裝置，價格有所差異。

以價格來說，與低周波IH煎台相較之下，類比式少了45～50%，數位式少了35～40%，微電腦PID控制式則是少了25～30%。

具有多種形狀，可配合不同需求組合加熱尺寸和發熱量（kw）*。使用壽命也比較長。

低周波IH煎台

將電磁感應線圈接上商用電源（50Hz/60Hz）通電之後，由鐵芯產生的磁束會通過鐵板產生渦電流，因為發生阻力，所以鐵板本身會發熱（焦耳熱的產生）——低周波IH煎台便是利用上述的加熱原理。相對於其他的煎台是間接加熱（以熱源加熱鐵板，再由鐵板傳導至食材），低周波IH煎台則是直接加熱（鐵板本身就是熱源）。

因為磁束流到接近鐵板的表面為止，所以表面和背面幾乎沒有溫差，這是其最大的特色。過衝溫度（overshoot）比設定溫度高1～2℃才正確。因為鐵板的厚度達30mm，所以蓄熱量很多，溫度下降的幅度非常少。3列的線圈（三相200V），每一組的加熱面積，寬為略少於500mm，縱深為略少於400mm，可以加熱的溫度範圍很廣。

日本目前有販售低周波IH煎台的只有原先開發這種煎台的HiDEC公司。該公司的製品，因為在鐵板背面融接無垢鐵角棒，機殼和鐵板以螺栓和螺帽固定，所以鐵板不會彎

＊舉例來說，如果是長方形的鐵板，在鐵板的中央設置5kw的電力加熱器（或是IH低周波），並在左右分別裝上1.5kw的預備加熱器，溫度就能加速上升，在冬季期間特別便利。

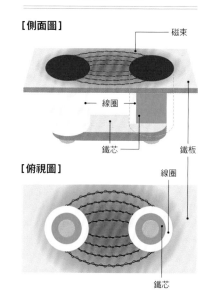

電力加熱式煎台

鐵板厚19mm　感測器位置（5mm）　熱傳導
加熱器
SUS裝飾箱　隔熱材

低周波IH煎台

[側面圖]
磁束
線圈
鐵芯　鐵板

[俯視圖]
線圈
鐵芯

交替磁束（反覆交替）→產生渦電流→因這個阻力而使鐵板自己發熱

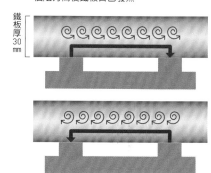

鐵板厚30mm

曲和搖晃，這也是它的特色。

在電力式煎台當中，這種煎台的價格最高，但是它可以節省能源，營運成本又低，而且很少發生故障和年久劣化，使用壽命很長。

高周波IH煎台

所謂高周波，指的是藉由變壓器（周波數變換器）將周波數變換成約20～30KHz的高周。在鐵板背面設置非接觸式的螺旋狀電磁感應線圈，讓高周波電流通過該處，藉由磁束的作用在鐵板的背面產生渦電流，然後產生焦耳熱。不過因為磁束只流經鐵板背面的表層，所以只在局部加熱。

此外，如果是標準鍋子加熱用的螺旋狀線圈，因為將熱能引導成甜甜圈狀，所以中心沒有受到加熱。雖然這種煎台用於鍋子的加熱（發生水分對流）或是作為保溫用鐵板可以發揮作用，但是用來直接煎製食材的話，加熱範圍狹窄，可以說並不適用於鐵板燒。而且它的下部容易蓄積熱能，所以過衝溫度會太高。由於它的構造不耐熱，因此必須打開冷卻風扇，一旦吸進油霧的話就很容易發生故障。

碳素燈管加熱式煎台

這是利用碳素纖維作為發熱體來烤熱鐵板的間接加熱式加熱器。

1組設置3根直管球。熱容量能夠隨意調整，而且可以配合需求來設置加熱器的位置。鐵板的厚度是19～25mm。溫度上升迅速，比起過去的電力加熱器削減了大約20%的電力。碳素燈管的壽命為5～10年，所以必須更換。與低周波IH煎台相較，價格少了約30%。

高周波IH煎台

[側面圖]

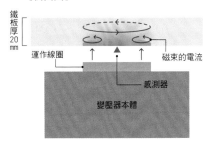

[俯視圖]

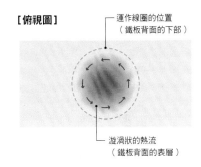

碳素燈管加熱式煎台

[側面圖]

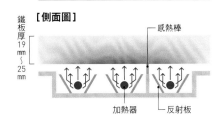

[俯視圖]

採訪協力／HiDEC株式會社
利用電磁感應加熱的技術，在1980年開發出低周波IH油炸機。自1987年起製造販售低周波IH煎台。

每日的維護創造出美味的料理

—— 保養鐵板的方法和訣竅

鐵板既是加熱的機器，同時也是直接接觸食材的烹調用具。必須做到「沾黏在上面的汙垢要當場清除」、「一天結束時要徹底清理乾淨」。如果想讓鐵板每天恢復到乾淨狀態，並在良好的狀況下長久持續地使用，保養方法有訣竅。

解說／中山慎悟（HiDEC 株式會社 本社營業部部長）

■ 維護鐵板清潔的器具

高溫用煎板清潔絨片

用於去除鐵板焦垢。可耐熱至220℃。右為壓住絨片的煎板清潔握把（3種清潔絨片是3M日本株式會社的產品）。

低溫用煎板清潔絨片

用於研磨、拋光。比起高溫用煎板清潔絨片，網目更細。在100℃以下使用。照片下方為去除焦垢的煎板清潔網。

不織布手研磨片 No.7447

不限於煎台使用，用途廣泛的類型。比起低溫用煎板清潔絨片，網目稍細一點。在100℃以下使用。

刮刀

刮除汙垢，掏出堆積在鐵板角落的汙垢。雖然也有鐵板專用的刮刀，但是推薦使用一般的工具「OLFA」刮刀。

■ 營業中的清理

將浸濕的抹布橫摺成長方形，雙手各拿著一支煎鏟按住抹布，以縱向或畫橢圓形的方式擦拭烹調時使用過的部分。或是用包著冰塊的抹布擦拭，或在油汙淋上少量的水，再將摺疊起來的廚房紙巾放在上面，用煎鏟按住把汙漬擦除。如果汙漬難以清除，一開始就用煎鏟直接搓磨鐵板（為了保護客席不被油汙噴濺，搓磨時要以濕抹布蓋住煎鏟）。

■ 使用後的保養 —— 完全去除汙垢

關掉鐵板的熱源之後進行保養。如果是在鐵板還很燙的時候進行，就使用高溫用煎板清潔絨片；如果是在100℃以下進行，就使用低溫用煎板清潔絨片或是不織布手研磨片。

1 如果有焦垢附著，先用新的（網目還沒被壓扁）高溫用煎板清潔絨片或低溫用煎板清潔網研磨清除。

2 在鐵板淋上少量的油，然後將使用過好幾次的高溫用煎板清潔絨片（網目已被適度地壓扁，處於最容易使用的狀態），或是低溫用煎板清潔絨片、不織布手研磨片，從鐵板的一端到另一端，以橫向或縱向均等地研磨。

左／沾黏著汙垢的部分，以新的高溫用煎板清潔絨片研磨清除。
右／先用廚房紙巾擦掉鐵鏽，然後淋上油，研磨整塊鐵板。

3 用煎板清潔絨片壓住廚房紙巾擦掉鐵鏽。

4 很容易會忽略鐵板的四個角和邊框所堆積的渣滓。以烹調用的煎鏟無法掏出深藏在細溝中的汙垢。使用刮刀確實清除那些汙垢，必須列入每天的保養工作中。

左／研磨整塊鐵板的時候，適合使用已經用過4～5次的高溫用煎板清潔絨片。以施力平均的一筆劃動作逐列研磨。
右／已經研磨乾淨的狀態。

■ 營業前的準備——研磨得乾淨光亮

到了隔天，鐵板的水分消失之後，前一天清理時所使用的油會變成一層膜覆蓋在鐵板上。如果直接使用鐵板的話，食材沾黏在上面之後會燒焦，所以必須擦拭乾淨。

1 為了方便作業，將鐵板的溫度加熱到50 ～ 70℃。

2 淋上少量的油，以低溫用煎板清潔絨片研磨。

3 試著以厚的廚房紙巾或是乾淨的抹布擦拭，如果變成乾爽滑順的狀態，準備工作就OK了。如果想將鐵板拋光，讓它變得更光滑一點，可以使用不織布手研磨片研磨，效果很好。

在100℃以下進行時，使用低溫用煎板清潔絨片。從鐵板的一角到另一角均勻地研磨。

≫ 如果是處理麵食料理或油炸料理的營業型態

使用過後，當鐵板的溫度下降到大約100℃（依照使用的清潔劑而異）時，以低溫用煎板清潔絨片把鹼性的專用清潔劑塗抹在鐵板上，然後研磨。淋上適量的水讓它乳化，擦拭乾淨之後，依照順序先用水擦拭，再乾擦。營業前開啟鐵板的熱源，加熱到50 ～ 70℃之後，塗上薄薄一層油。

不織布手研磨片比低溫用煎板清潔絨片的網目更細，可以研磨得更光滑。

···· **MEMO** ····

縱磨？還是橫磨？

鐵板的紋路是橫向。如果想要磨出像新品一樣紋路統一的美觀程度，適合採用橫磨。另一方面，有時候一筆劃的動作距離短一點，比較方便作業，所以採用縱磨的店家很多。

不論採用哪種磨法，兩者共通的注意重點是：經常只會用力研磨汙垢很明顯的中心部分。經年累月下來，那個部分確實會比其他地方磨損得更加嚴重。如果是橫磨的話，即使有2m的長度，也要將體重均等地施加在煎板清潔絨片上，以一筆劃的動作從一端研磨到另一端。如果是縱磨的話，最好從一端開始，一邊依序數著「1、2、3」，一邊平均施力研磨整塊鐵板。

此外，縱磨時在上下結束研磨的地方會變得不均勻，這時在上下的邊緣要以帶狀方式橫磨，消除不均勻的情形，研磨出漂亮的鐵板。有時候也可以變化一下，以斜向帶狀的方式研磨鐵板，製造出網格的紋路等。

上／變得閃閃發亮的鐵板（橫磨）。
下／縱磨之後，上下邊緣採用橫磨。

鐵板燒的 7 種器具

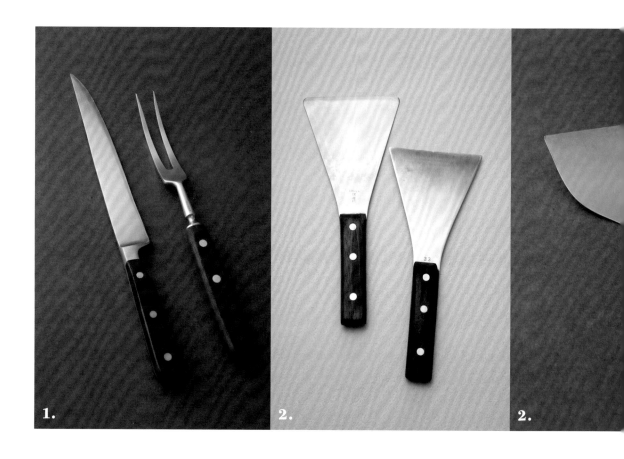

1.

2.

2.

1. 刀子 & 叉子

在提供牛排的場合，刀叉是必備的器具。

為了要在鐵板上切割食材，使用的是刀身細長且刀刃不太鋒利的切肉用餐刀，所以並不適合在砧板上使用。在鐵板上不是用推切法，而是用拉切法。雖然有時也會為了講求刀子的鋒利度，而將一般筋引廚刀等刀子用於鐵板，但是那樣做的話，為了避免最先碰到鐵板的刀尖刮傷鐵板，刀刃不要磨得太鋒利，而是讓刀身中段可以順利將肉切開，必須在研磨方法上面下工夫。

二齒的叉子又稱為肉叉、切肉餐叉。雖然尖端帶有一定的銳利度，但與其說是用來「插入」東西，不如說是用來按壓肉或海鮮，或是翻面、

確認蔬菜加熱狀態的觸感。

肉叉的2根叉齒，帶有弧度的叉齒比筆直的叉齒更容易操作。

2. 煎鏟

平板的三角形鏟子又稱為刮刀。鏟面至鏟柄呈彎曲狀的煎鏟，特別是在大阪燒的業態中，隨著地區不同而有ヘラ、コテ、テコ、一文字、かちゃくり等各式各樣的日文名稱。

煎鏟可以將油平均塗布在鐵板上、將髒掉的油或渣滓集中之後丟棄、將油澆淋在食材上、將食材翻面、確認食材的觸感、分切、盛盤等，屬於用途廣泛的萬能選手。有的廚師會依個人喜好將煎鏟的前端削薄，調整形狀。不同的煎鏟碰到

享用鐵板燒的時候，客人的視線會集中在廚師的「手法」。除了煎製之外，分切、蒸煮、盛盤⋯⋯這一切的動作都是在手指不會碰觸到食材的情況下進行。以下這些器具是廚師展現精湛手藝的好搭檔。盡量不要交替更換器具，使用少數器具完成各式各樣的作業、烹調工作，正是鐵板燒的精髓所在。因此要選擇用起來很順手的器具。

3.

4.

5.

鐵板時發出的聲音都不一樣，尤其是講求用餐氣氛的高級店家，大多會選用不會發出太大聲響的煎鏟。

3. 長板鏟

鏟面比煎鏟還長，適合用來移動較大的肉塊或魚肉，或是將食材按壓在鐵板上、把肉塊抬起讓油迅速流入底下。有的人喜歡它外形俐落這一點。有長板鏟和肉叉、煎鏟和肉叉、2支煎鏟等不同的組合方式，因人而異。

4. 銅帽

圓頂鐵板燒蓋。在燜煎或瞬間燻製時當作蓋子使用。幾乎沒有保溫的效果。雖然也有不鏽鋼製或方形的產品，但是高級店家最喜歡使用可以呈現出溫度與華麗感的銅製圓頂鐵板燒蓋。不過因為很容易生鏽，每天都必須擦亮。握柄不會變熱，但是多少會把熱能傳遞到手中，可以根據它的溫度感受到食材加熱的程度。

5. 鐵網

將煎過的肉放在上面靜置，或是在燻製的時候用來放置食材。

鐵板燒的基本技術

所謂的鐵板燒，並非單指「用鐵板煎製食材」而已。當然還需要具備對於加熱的判斷力和技術，而且在鐵板上分切、剝除、盛盤等全部的烹調動作都要流暢優雅地進行，同時也講求鑑別食材的眼光和俐落的動作。以實務方面來說，在鐵板上處理食材的方式、煎製方式、完成方式是怎麼一回事呢？這裡將以具代表性的食材為例，為各位介紹日本鐵板燒專家累積經驗所練就的「基本技術」。

烹調・解說／小早川 康
協力／ HiDEC 株式會社

01 黑毛和牛

黑毛和牛（＝黑毛和種）是什麼？

黑毛和牛是原本生長在日本中國、近畿地方的見島牛等役用牛，與外國種交配之後改良而成的品種。特徵是肉裡很容易有油花分布，支撐著日本的「霜降肉」文化。主要是藉由飼料的給予方式，控制肉質、油花分布的狀況。日本的牛肉是以精肉率（Ａ～Ｃ）、中心的肉質（１～５），以及脂肪交雜狀況（１～12）來評定等級（例如A5-12），不過這終究只是外觀狀態的評價，而非作為食物味道的評價。

近年來，人們對於赤身肉的評價提高，以前的「霜降肉信仰」發生了變化。現在追求的不是有油花分布就好，而是肉類本身的品質、食用起來的美味程度。也有些生產者是「從牛還活著的時候就開始讓肉熟成」，有計畫地將牛隻肥育至30個月齡以上（一般是28個月齡），有時甚至達到45個月齡為止。以什麼來評斷牛肉是否美味的選項變多了，「等級不在於味道和品質，而是由牛的血統及生產者來決定」，這是流通業者與主廚們一致的意見。

意識到脂肪的融點低這件事

黑毛和牛的瘦肉、脂肪都具有獨特的柔嫩度與濃醇的風味。特別是經過長時間肥育的牛肉，脂肪的融點低，吃進嘴裡時脂肪會產生特殊的滑順口感。放置在常溫中的肉，表面會漸漸出現光澤。一般認為，變成那種狀態之後（讓肉的表面溫度恢復至常溫後）再煎製比較好。因為如果從冷藏室拿出來便立刻放在高溫的鐵板上，肉質會收縮（＝沒有煎得很柔軟）。

關於鹽的用法、油的用法

在肉的兩面撒上鹽、胡椒之後，立刻開始煎是一般的做法。不過調味要在煎好之後才進行，或者還有另一種方法是，一開始就撒上鹽，但胡椒最後才撒上。鹽接觸到肉之後，便會發生脫水的情形。胡椒則是煎了就會焦掉。要如何利用這個現象和效果，取決於廚師的想法。

倒在鐵板上的油脂，有牛脂、大蒜油、植物油（沒有特殊性質的白絞油）等。

究竟要使用植物油，單純地發揮肉的香氣？或是使用牛脂，利用脂肪的鮮味增加食用時的分量感？還是追求與大蒜香氣產生的相乘效果？必須依照肉的部位、品質和狀態，還有客人的喜好來選用。

■ 沙朗

瘦身和脂肪比例均衡的正宗牛排肉。目標是煎出鮮味、多汁感、咬勁能夠取得最佳平衡的沙朗。以往沙朗都是切成很大一片，現在的主流則是維持牛肉原有的厚度切成肉塊。

》》 觀看影片

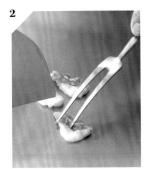

1

在肉的單面撒上鹽、胡椒。

2

將邊角肉分切成小片，放在鐵板（200℃）上煎。

3

以煎鏟按壓在鐵板上，搾出肉的油脂。

》》 POINT

照片中的分量是150g。使用已事先清理乾淨、帶有硬筋的邊角肉搾取油脂。

4

用肉叉立起肉塊，放倒在煎鏟的上面（翻過來），然後拿起來。

5

放在鐵板的油脂上面（已經調味的那一面朝下）。

6

在還沒有調味的那一面撒上鹽、胡椒。

》》 POINT

全部食材的共通點就是不要用手去觸碰。抓取或移動之類的動作也都要使用煎鏟和肉叉。

7

稍微挪動肉塊，以煎鏟將周圍的鹽、胡椒集中之後丟掉。

8

待放置在鐵板上的那一面煎硬，漂亮上色之後翻面。

9

反面也同樣先將表面煎到漂亮地上色。

》》 POINT

一開始放置肉塊之後，要稍微挪動一下肉塊，使朝下的那一面與油脂均勻融合，為了讓整面全部接觸到鐵板，要由上方輕輕按壓。首先將兩個表面依序煎到漂亮地上色。

10

稍微挪動肉塊，將釋出的油脂以煎鏟適當地集中之後丟掉。

11

煎硬之後，從熱源的中心移往稍微偏離的區域。

12

上下翻面2～3次，均等地慢慢加熱。

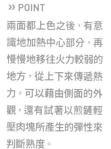

» POINT

兩面都上色之後，有意識地加熱中心部分，再慢慢地移往火力較弱的地方，從上下來傳遞熱力。可以藉由側面的外觀，還有試著以煎鏟輕壓肉塊所產生的彈性來判斷熟度。

13

切成一半。

14

立刻將切面朝下煎5秒鐘。反面也一樣。

15

放在鐵板的邊緣，（切面朝上）靜置一下。

» POINT

將肉塊切開後，為了避免肉汁從切面流出，要迅速地煎硬，然後移到鐵板的邊緣（低溫區）靜置一下。同時也要考慮鐵板的中心側和邊緣側的溫度差距，偶爾變換肉的左右方向。

16

最後在高溫區迅速將各面加熱，然後切成一口大小。

17

盛盤（將肉放在煎鏟上面，用肉叉擋著肉，然後抽出煎鏟）。

■ 菲力

以紋理細緻的肉質為特徵。因為是沒有在活動的部位，所以並非像沙朗一樣能夠享受咬勁。具有柔軟度，要溫和地加熱以免破壞纖細的肉質。為了避免強大的火力使纖維緊縮，在表面煎硬之後，要不斷上下翻面，慢慢地煎熟。

1

在肉的單面撒上鹽、胡椒。

2

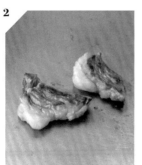

將牛邊角肉放在鐵板（200℃）上煎。以煎鏟按壓，搾出油脂。

3

放置肉塊（已經調味的那一面朝下），撒上鹽、胡椒。

> » POINT
> 煎法的基本步驟與沙朗並沒有不同，只是要更小心地煎製。表面不要煎到很緊實，只需要稍微煎硬，然後不斷上下翻面，一點一點地傳送熱力。

4

稍微挪動肉塊，以煎鏟將周圍的鹽、胡椒集中之後丟掉。

5

頻繁地上下翻面，暫時放在鐵板的邊緣，讓肉汁穩定下來。

6

切成一半。

> » POINT
> 【6】的肉的左側切塊是溫和的味道，右邊是肋骨側，味道濃郁。分別平均地盛盤。

7

迅速地煎一下切面。之後不需要靜置。

8

切成一口大小。

02 | 明蝦

以活蝦直接煎製

　　用於鐵板燒料理的明蝦，要選擇外觀漂亮飽滿、重量50g以上的大小。這個尺寸的大尾明蝦以母蝦居多，腹側多半有交尾栓附著。因為很硬，吃的時候又容易碰到嘴巴，所以在前置作業時就要用手指摘除。

　　由於是以鮮活的狀態進行烹調，因此明蝦有可能會到處亂跳。在展示食材的時候，先用銅帽蓋住，讓明蝦待在黑暗中，明蝦就會暫時變得溫順，要抓好時間點掀開銅帽展示給客人看。而烹調過程中為了避免明蝦活蹦亂跳，造成油飛濺到客席之類的情形發生，所以一開始不要使用油。

精準的時間與扎實的手藝

　　煎製明蝦的重點在於，蝦身不要加熱過度，要煎出柔軟的口感，頭部和腳部則要煎得焦香。除了得精準掌握時間之外，同時還要求（在不用手碰觸的情況下）廚師要正確地使用刀子和肉叉剝除蝦殼、進行清理。因為這項技術的難度很高，所以需要練習。

》觀看影片

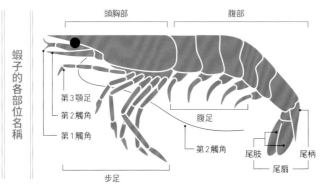

蝦子的各部位名稱

頭胸部　　腹部

第3顎足
第2觸角
第1觸角
腹足
第2觸角
尾肢　尾柄
尾扇
步足

1

將明蝦的長鬚（第2觸角）切成適當的長度。

2

用刀尖由頭部往尾巴劃過蝦殼內側，切開蝦殼和蝦肉的連接處。

3

立起刀尖，在與蝦尾的連接處劃入切痕。

》POINT
在展示食材給客人看之前，長長的第2觸角就要切除。因為長鬚一旦超出盤子便會接觸到周圍的東西，很不衛生。

4

另一側也一樣，切開蝦殼和蝦肉的連接處。

5

以廚房紙巾按壓，擦乾水分。到此為止是前置作業。

6

將明蝦放在鐵板上。用肉叉按住以免明蝦跳動。

» POINT

將活的明蝦移動到鐵板的時候，先用肉叉夾住之後壓著，再用煎鏟拿起來。為了避免蝦子亂動把油濺到客席上，所以鐵板上不要倒油。放好之後立刻以肉叉按住蝦子的身體。

7

用煎鏟壓住明蝦的第1觸角，煎到上色。

8

攤開尾部，用煎鏟壓在鐵板上，煎至漂亮地上色。

9

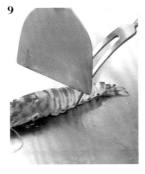

在整個腹部輕輕地施加壓力，讓蝦子變直。

» POINT

不論是觸角還是蝦尾，都要1根1根、1片1片地按壓在鐵板上煎製。

» POINT

為了使蝦身不會彎曲，要施力壓住腹部緊貼著鐵板。

10

將少量的油倒在鐵板上，以煎鏟舀起，淋在蝦子上面。

11

在蝦子的旁邊注入少量的水，然後蓋上銅帽。

12

待水氣蒸發的聲音平息之後，掀開銅帽。

» POINT

煎的時候一邊淋上少量的油，可以強調蝦殼的香氣。

13

掀開銅帽之後的狀態。

14

在鐵板的低溫區，將蝦頭朝向廚師擺放。

15

將蝦子往側邊放倒，再把肉叉刺進前腳的內側，壓住，

» POINT

將蝦子的腹部煎過，然後燜煎一下（大約1分鐘～1分半鐘），直到蝦身變直為止，在【13】的階段，蝦子的中心部分還是半熟的。在接下來的作業中，利用餘熱煎至剛剛好的熟度。

16

將肉叉的尖端插入頭部外殼的內側，剝除外殼。

17

從頭側開始，將刀子插入外殼和腹部的蝦肉之間。

18

一直到達接近蝦尾處之後，使腹部朝上，拉開外殼剝下來。

» POINT
一開始剝下頭側的硬殼（頭胸甲）。因為內部有一部分是相連的，所以一邊用肉叉按住，一邊用刀子拉下來。剝下來的蝦殼要丟掉。

19

變換方向，把腳往外側剝下來。

20

將蝦頭從腹部切開。

21

直接把腳和全部的腹足剝下來，尾扇也切離。

» POINT
剝下來的蝦頭～尾扇還要再調理，所以暫時留下備用。

22

剝下來的部分。放在鐵板的邊緣備用。

23

將蝦肉翻面，讓另一側的蝦肉接觸鐵板，接著切下蝦膏。

24

在蝦背劃入刀痕。

» POINT
進行切整作業的時候，如果蝦子的擺放方向始終維持不變，只會煎到單面，這一面會變硬。也要考慮到平均加熱這一點，所以要變換一次方向。

25

如果有腸泥的話要挑除。如果有卵巢，與蝦膏一起留下備用。

26

將蝦身切成容易入口的大小。

27

倒入少量的白酒突顯出香氣，然後盛盤。

» POINT
蝦膏暫時放在鐵板的邊緣備用。

28

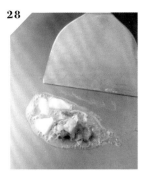

將奶油放在鐵板的中溫區加熱融化，與蝦膏和卵巢混合在一起。

29

漸漸冒出香氣之後，加入鹽、胡椒、檸檬汁。

30

淋在蝦肉上面，即可上菜。

>> POINT
淋上醬汁之後提供給客人。接下來趁客人品嘗蝦肉的空檔，分別將腳和蝦殼煎香。

31

將切下來的部分，分切成頭部、腳部、腹足、尾部。

32

將油倒在鐵板的中溫區，分別把各部位煎香。

33

切除位於頭部的硬角、眼珠。

>> POINT
每個部位都要切除不易食用的堅硬部分，以煎鏟適當地按壓，充分加熱。位於頭部內側的口器，先確認一下大小，如果很大的話就切除。如果保留的話，就將那一面朝下仔細煎熟。

34

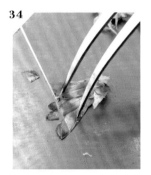

因為尾部的末端很硬，所以要切下來。

>> POINT
明蝦鐵板燒料理，每一尾都要費工夫烹調。如果是 1 ～ 2 尾，就放在高溫區煎製，但是有更多尾明蝦要一起煎時，為了避免作業過程中加熱過度，要放在中溫區煎製。

35

腹足和尾部以煎鏟壓平，煎出酥脆的口感。

| 03 | 鮑魚

以「最初的柔嫩度」為目標

照片為日本國產的黑鮑魚。因為只要一取下外殼，鮑魚肉就會變硬，所以直接帶殼仔細地加熱。

鮑魚的特性是經過加熱之後，「鮑魚肉會反覆變軟→變硬」。在製作鐵板燒料理時，要在最初變軟的時間點上菜。完成時還保留些許生嫩感是最佳的狀態。現場烹調活鮑魚，可以在最美味的時候立刻上菜，這正是鐵板燒的魅力所在，也是它的優點。

鮑魚的個體差異非常大，加熱的方式、縮水的方式、肉質變軟的速度都各不相同。廚師看到食材後要進行判斷，同時一邊煎製一邊因應調整，這需要具備一定的經驗。

此外，價格適中的蝦夷鮑也有很多是進口的。因為體型小，肉質又柔嫩，所以適合將清肉切一切後沾裹奶油這類不太需要技術，輕鬆隨性的烹調方式。

1

將油倒在鐵板的高溫區，然後放上鮑魚。

2

在鮑魚肉上面擺放奶油，然後在鐵板上注入少量的水。

3

蓋上銅帽之後燜煎（大約2分半鐘）。

» POINT
要先在鐵板上倒油是因為如果直接放上鮑魚的殼，鹽分會沾黏在鐵板上。要判別燜煎的狀態則是掀開銅帽看一下，以鮑魚肉的飽滿感來判斷。或是以刺入肉叉的觸感來判斷。

4

將肉叉刺入口器側，接著在外殼和鮑魚肉之間插入刀子。

5

用刀子切開貝柱，剝下鮑魚肉。

6

切下鮑魚肝。

» POINT
取出鮑魚肉的方法（慣用右手者）：將肉叉刺入口器側，固定外殼。在鮑魚肉和外殼之間插入刀子，將刀尖扭向右側就能掀起鮑魚肉，以肉叉剝下來。將刀子插入鮑魚肝的另一側。

7

在中溫區將鮑魚肉的兩面迅速煎一下，然後縱切成一半。

8

將切面迅速煎一下。把刀鋒放在口器的上面。

9

以拉出來的方式切下口器。

» POINT

取出鮑魚肉之後，為了不讓鮑魚殼中的汁液灑出來，將殼放在鐵板的邊緣。

10

將切面朝向客席擺放，切成一口大小。

11

將白酒淋入留在鐵板上的鮑魚煎汁中。

12

以肉叉和煎鏟拿起鮑魚肉，盛入盤中。

» POINT

加入白酒的用意，與其說是為了調味，倒不如說是為了讓帶有香味的蒸氣冒上來，藉此表演引起客人的食慾。

13

從殼裡取出鮑魚肝。

14

分切鮑魚肝，逐次少量地淋上醬油和檸檬汁，然後盛盤。

15

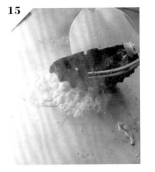

在殼裡加入少量的水，稍微沖洗後，將汁液倒在鐵板的中溫區。

» POINT

將殘留在殼裡的汁液和精華溶入水中，調整味道之後做成醬汁。雖然也有將鮑魚肝調成醬汁的方法，但如果是新鮮的鮑魚肝，就直接提供給客人享用。

16

加入白酒、檸檬汁、醬油、奶油等，然後淋在鮑魚肉上。

| 04 | 肥肝

充分發揮脂肪的味道

　　肥肝的重量有一半以上是脂質。為了展現出脂肪本身的香氣、鮮味和滑順的口感，比照法式料理的「嫩煎肥肝」，將肥肝切成厚度1cm左右的片狀（1片50～60g），表面煎成漂亮的金黃色，中心部分則煎出鬆軟的口感。理想的狀態是，單面上色之後就翻面，在另一面煎出漂亮的顏色時，中心部分也達到剛剛好的熟度。如果從冷藏室取出後立刻放上鐵板煎，要花點時間才能讓中心溫度升高，因此也要根據室溫或切片的厚度，在煎製之前（包覆保鮮膜）先置於常溫中一小段時間。

　　肥肝的品質差別很大，有的肥肝在煎製期間會不斷流出油脂，最後變得很小。挑選品質好的肥肝是最大的重點。

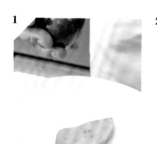
1

在肥肝的上面撒鹽。

2

撒上胡椒。

3

用刷子塗上薄薄一層高筋麵粉。

>> POINT
將肥肝裹粉是為了讓表面帶有脆脆的口感。也有人不裹粉，藉此煎出原汁原味的肥肝。只有單面裹粉或是不裹粉，可隨個人喜好。

4

將少量的油倒在鐵板（200℃）上，以煎鏟薄薄地抹開。

5

將肥肝放在油的上面，靜置不動煎一段時間。

6

煎出漂亮的焦色之後翻面。

>> POINT
將肥肝翻面時，要以肉叉抬起單側，用煎鏟接住後，再放在鐵板上。為了不讓肥肝破裂，翻面的時候要小心。

7

另一面也要煎。漸漸地有油脂從肥肝中流出來。

8

將肥肝從油脂中挪開，然後舀起油脂丟掉。

9

藉由彈性來確認熟度。

> » POINT
> 流出來的油脂（最後會氧化，而且整體外觀也不好看）要適當地清除乾淨。

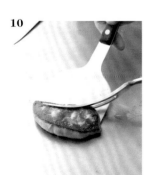

10

※如果中心部分加熱不足，就移到低溫區放置一下。

11

切開。

> » POINT
> 翻面一次，將兩面煎出漂亮的焦色，而且運中心部分都確實加熱，這是最理想的狀態。萬一已經產生十足的焦色，但加熱還不完全的話，就把肥肝移到鐵板溫度較低的位置繼續加熱。

05 | 蔬菜

流暢地煎製多種蔬菜

　　在鐵板燒當中，蔬菜是可以表現季節感的重要食材。特別是近來煎蔬菜也非常受歡迎。有時會只煎單一蔬菜，不過通常會使用好幾種蔬菜做成拼盤。各種蔬菜的基本前置作業（清理和基本切整等工作）都是在廚房裡完成，至於考慮到每種蔬菜的過火時間而劃出細小切痕等作業，則是在鐵板上進行。

　　要煎多種蔬菜時，從不易煎熟的蔬菜開始依序煎起。蔬菜在鐵板上的擺法超乎想像的重要。要將蔬菜放在溫度適當的區域，整齊美觀地排放在客人視線所及之處，擺放的「方向」則要易於進行翻面、切除芯部等作業。而且在煎蔬菜的過程中，奶油或油漸漸變髒時要馬上以煎鏟集中起來，然後丟掉。如果置之不理的話，氧化的臭味會附在蔬菜上。

1	**2**	**3**
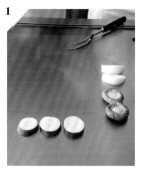		
將香菇、洋蔥、地瓜排列在鐵板的中溫區。	（為了容易加熱）在香菇的菇柄切面上劃入切痕。	將一小片奶油放在洋蔥上面，再滴上少量的油。

» POINT
香菇不切開，以免濃縮了鮮味的汁液流出來，直接使用整朵香菇，而且煎的時候不翻面。

4	**5**	**6**

煎出焦色之後，從近身處以煎鏟拿起來翻面。	將（已削除根部老皮的）蘆筍放在鐵板上。	將奶油在低溫區加熱融化之後，以煎鏟舀起來淋在蘆筍上。

» POINT
洋蔥切成瓣狀就不易散開。（從廚師的角度來看）將較低的那一側放在面前的位置，就很容易翻面。翻面時如果將整塊洋蔥放上，便會緊貼煎鏟而難以脫離，所以放上約⅔的洋蔥就抬起煎鏟放倒在面前。

7

偶爾翻動一下蘆筍，使其平均受熱。將蘆筍漸漸煎香、煎上色。

8

等地瓜的單面煎出焦色之後，用煎鏟翻面。

9

油分不足的話，在鐵板放上少量的奶油加熱融化。

10

將（縱切成 ¼ 後快速汆燙過的）青江菜放在鐵板上。

11

切卜葉尖，下部縱切成一半。

12

切除芯部。

13

將奶油放在低溫區加熱融化，然後淋在青江菜上面。

> » POINT
> 青江菜、黑葉白菜等蔬菜，一旦從生菜開始煎的話，很容易變得乾巴巴，所以在前置作業時要先快速汆燙備用。青江菜靠近根部、有厚度的部分要切得短一點。

14

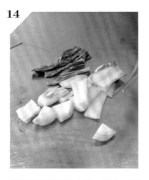

煎出漂亮的焦色之後，切成一口大小。

15

幾乎同時煎製完成。在蔬菜的中心撒上鹽。稍微撒點胡椒。

16

將地瓜切成一口大小。

17

將蘆筍切成小段。

18

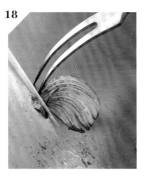

切除洋蔥的根部。

19

使用煎鏟和肉叉分別拿起蔬菜，盛盤。

| 06 | 蒜香炒飯

將大蒜炒得又酥又香

　　將大蒜切成碎末後用油去炒，炒出香氣的同時也炒到上色，然後和白飯一起拌炒。如果一開始就用高溫去炒大蒜，在引出香氣之前大蒜就燒焦了，所以油要從常溫開始加熱，在中溫區炒香大蒜，反覆進行「將蒜末往高溫區撥散開來→集中撥回來」的作業，將大蒜慢慢加熱。

　　因為已經來到用餐的最後階段，所以盡可能不要把飯炒得很油膩。將大蒜的油瀝除，如果要加入牛邊角肉的話，先充分煎過，逼出多餘的油脂。要在白飯中加入配料時，先將配料放在白飯上面，蓋上銅帽燜蒸一下，白飯就會沾裹上適度的油分，就算沒有追加新的油也能炒出漂亮的炒飯。

>> 觀看影片

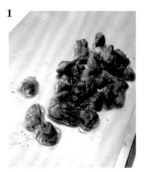

1

煎的時候用煎鏟按壓牛邊角肉，搾出油脂。放在鐵板的邊緣。

2

將油倒在鐵板的中溫區，然後放上大蒜碎末。

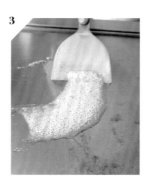

3

將蒜末用煎鏟反覆往高溫區「撥散→集中」，以此方式加熱。

>> POINT
也有只用蒜末來炒飯的方法，不過這裡還使用了牛的脂肪（鮮味）、洋蔥（甜味）、青紫蘇（清爽的香氣）。牛脂是使用沙朗的腹肉端等處的邊角肉。在鐵板上切碎，用高溫開始煎。

4

漸漸地上色並散發出香氣。在完全上色之前，移到鐵板的邊緣。

5

放上洋蔥碎末之後，將油倒在鐵板上，用煎鏟集中起來翻炒。

6

反覆「舀起→放下」，稍微上色後移到鐵板的邊緣。

>> POINT
如果想要添加奶油的香氣，可以在炒蒜末的時候使用油和奶油各半。為了避免口感太油膩，如果要使用牛肉作為配料，最好選用瘦肉的邊角肉。

7

將白飯放在鐵板的中溫區，用煎鏟的角敲剁，把白飯攤開來。

8

將蒜末放在煎鏟的上面，以肉叉瀝乾油分。

9

然後放在白飯上面。

>> POINT

將裝在盤中的白飯移到鐵板上時，若直接從盤中撥到鐵板上，含有水分的白飯底部往往會黏在鐵板上。為了讓接觸空氣後稍微變乾的表面側變成在下面，要將盤子翻過來再移動白飯。

10

將炒好的肉和洋蔥放在白飯上。

11

蓋上銅帽，燜煎1～2分鐘。

12

移到高溫區，一邊撥散白飯一邊拌炒，讓配料均勻分布。

>> POINT

多餘的油分附著在周圍的鐵板時，可用煎鏟徹底刮除之後一起拌炒。

13

撒上鹽、胡椒，淋上醬油（以味醂、酒稀釋），拌炒均勻。

14

加入切成細絲的青紫蘇拌炒。

15

完成摻雜了鍋巴的蒜香炒飯。盛入碗中。

>> POINT

加入醬油的方法共有兩種，一種是直接淋在炒飯上面，另一種是先淋在鐵板上，引出香氣之後再拌炒。

技術乃奠基於周到的服務態度

在鐵板上的動作和細心待客的重點

鐵板燒的工作，與壽司店吧台區的工作有相通之處。兩者都是在客人面前「呈現」調理過程，算是一種餘興表演。不僅調理的技術，還有賞心悅目的優美動作，以及最重要且不可缺少的，一邊配合客人的步調一邊炒熱用餐氣氛的貼心服務和對話。這些全都源自於對客人的周到服務──資深主廚透露的心得。

解說／小早川 康
日本愛知縣出身。在名古屋東急飯店「Loire
鐵板燒餐廳」擔任主廚20年，現在是三甲高
爾夫俱樂部「鐵板七栗」的顧問。（一社）日
本鐵板燒協會副會長。

1.【清潔感】立即擦拭，不經意地擦拭

別的先暫且不提，首先是鐵板吧台必須呈現清潔感。廚師服是否有髒汙？指甲和指尖是否保持乾淨？不要忘了這類服裝儀容的檢查。最近越來越少看到廚師戴著廚師帽，但是為了防止頭髮摻進料理中，不能少了廚師帽，即使從客人的觀點來看也是必須配戴的。

沾黏在鐵板上和煎鏟等處的汙漬，要一邊進行烹調一邊不時地清除。如果渣滓盒的孔洞黏著汙垢，之後清理的時候會很辛苦，所以要常保乾淨。靠近身體這一側的孔洞邊框，對廚師來說是視線死角，但是從客席可以看見。每次使用完廚房紙巾要丟棄時，可以用廚房紙巾貼著邊框掏出汙垢，同時丟棄。在客人用餐時進行清理工作很不好看，所以要不經意地隨時清理。

使用銅帽時，如果周圍有水分溢出來的話要擦乾。掀開銅帽的時候也要迅速地擦拭一下銅帽的內側。

2.【安心感】有意識地透過動作表達烹調的細心程度

在調理過程中，會遇到只需放著食材幾分鐘讓它自然煎熟的空檔，廚師若默默站在原地會讓客人感到不自在，但是放著食材不管人就消失不見也會讓客人不安。注視著食材，用肉叉的尖端確認食材的觸感等，這類可以傳達出正在好好調理食材的表演動作，也是廚師必備的技巧。蓋上銅帽燜煎食材的空檔與客人聊天時，不經意地把手放在銅帽的握柄上面，可以營造出細心周到的氛圍。

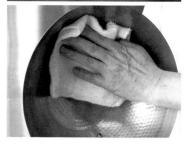

撒上鹽、胡椒是鐵板燒一定要出現的場面，不過有時為了味道的平衡會盡量減少這個動作。尤其如果煎蔬菜時全都確實地撒上鹽、胡椒，味道就太重了。儘管如此，要是沒有任何動作，對於看著廚師一舉一動的客人來說，也會覺得少了點什麼。遇到這種情形時，我會只是做做樣子。這是為顧客著想的小伎倆。

要將食材翻面時，先倒放在煎鏟上面，再順著煎鏟滑落在鐵板上，這樣的動作看起來比較高雅。盛盤的時候，不是用肉叉把放在煎鏟上的食材撥入盤中，而是將肉叉靠在食材旁邊固定不動，然後將煎鏟往自己這邊抽出，動作看起來會比較俐落。還要注意盡量避免發出金屬碰撞的噪音。

3.【節奏】在料理和客人的心情都尚未冷卻之前

壽司店的吧台區有一種明快俐落的節奏和速度，而鐵板燒也不例外。兩道料理之間出現空檔是很正常的事，但如果還要花很長的時間煎熟食材或靜置，客人坐在鐵板吧台區不就失去意義了嗎？廚師必須在最短的時間內煎好每道食物，讓客人趁熱吃進嘴裡，且一直到最後都不會覺得無聊。

4.【交談力】日常的資訊收集和臨機應變的應對

在展示過生鮮食材之後才進行調理的鐵板燒，客人對於食材提出的問題，意外地非常多。尤其是牛肉，擁有自己獨到見解的客人還真不少。廚師平常就要去拜訪生產者，或是學習食材的相關知識，事先收集這些資訊，一旦遇到這種情況，便能給予客人滿意的答覆。

對於喜歡問獨特吃法或是愛聊饕客話題的客人，舉例來說，提到鮑魚的口器中有可食用的部分時，一邊進行說明一邊添加上去，可以讓客人覺得很有趣。有時候也會遇到不喜歡那種話題的客人，或是客人和同伴之間聊得很起勁，款待顧客的方式並沒有一定的準則，應對時要配合每位顧客逐一調整。

5.【信賴感】以情感豐富的笑容接待客人

「希望請那位主廚替我製作鐵板燒料理。」受到客人的指名對廚師來說，可說是最大的願望。食材的品質與調理技術，還有主廚值得信賴的人品，成為增加顧客的重要關鍵。如果熱愛食材、熱愛顧客，應該會自然而然面帶笑容，但是在烹調的過程中，很容易因為專注認真而使表情看起來很嚴肅。因此也要隨時注意自己的表情。

思考鐵板燒技術的進化
── 因應素材多樣化的新觀點、加熱方法

日本的鐵板燒擁有前輩們研究出來的煎製方法和技術。

主題當然是和牛，這項技術是與致力於「培育出美味霜降牛肉」的日本黑毛和牛生產者共同努力，一步一步發展而來的。

不過，30年前和現在所追求的霜降肉性質漸漸產生了變化。那是因為日本人的舌頭嘗過了許多美味，想要追求更精緻講究的味道，而且他們意識到美食與健康兩者都要兼顧，所以懷抱著高遠理想的生產者總是在思考「怎樣才算是最美味的和牛」，因而不斷研究肥育牛隻的方法，以求培育出「現今最好的肉」。日本人對於和牛的想法變得多樣化，要求肉質要纖細，另一方面，烹調的理論也隨之更加深入。這樣一來，「煎製」的觀點不也需要不斷更新嗎？

接下來將以象徵現代需求的5項食材──和牛菲力、和牛赤身、美國安格斯牛沙朗、鬥雞、伊勢龍蝦──為例，各位不妨一起思考如何以合理的技術，引出最高的美味吧。

烹調・解說／綾部 誠（鐵板燒 銀明翠 GINZA）

日本兵庫縣出身。2004年在姬路開設「鐵板燒 憩家」。自2010年開始，擔任御殿場火星花園木飯店（Mars GardenWood）的總理長。2014年，在同集團於銀座開設的「銀明翠」（https://www.ginmeisui.jp）兼任董事總料理長。（一社）日本鐵板燒協會認證廚師。

| 01 | 和牛菲力
以較低的溫度仔細慢煎，不需靜置即完成

現代鑑別和牛的重點不是A5之類的等級，而是飼料和肥育天數，其根本取決於生產農家的態度。舉例來說，肉質的指標之一是油酸。它是一種單元不飽和脂肪酸，油酸的含有率越高，脂肪的融點則會越低，因而會影響在嘴裡融化的速度、風味的好壞。另一方面，雖然鮮味的來源是胺基酸，但是要將胺基酸視為鮮味去感受的話，糖就很重要。也有一些生產者並非一面倒向霜降肉，而是意識到食物味道的平衡和細緻的肉質，以及最重要的健康，因而在飼料方面下工夫，以長期肥育的方式來飼養和牛（所謂好好地「活體熟成」）。

以此方式精心飼養出來的上等肉沒有多餘的水分，肉質真的很細緻。如今，我認為最佳的煎製方法是，盡可能不讓肉本身的水分流失，把肉煎得柔嫩多汁。特別是遇到纖維本身很纖細的菲力肉，希望可以充分發揮它滑順柔嫩的口感。那種口感也能增強鮮味。

鐵板的溫度設定為較低的160～170℃。如果以高溫煎製，肉的細胞會立刻破損，導致水分流失。雖然以較低的溫度長時間煎製也會發生這種情形，但是在肉的細胞破損之前，透過重複翻面，變換肉塊與鐵板的接觸面，就能一點一點把溫度傳遞到肉的內部。雖然煎牛排時發出的滋滋

聲會引起食慾，但那是肉的水分流出來的聲音。我採用的煎法比以往的煎法要安靜多了。

以前一般的常識是，用高溫把肉的兩面煎得又酥又香，最後放在鐵板的邊緣（有時會蓋上銅帽）靜置，「讓肉汁穩定下來的同時，熱力會傳送到肉的中心」。也具有讓熱力充分傳送到霜降肉的脂肪這樣的用意。可是，素材會產生變化。而且如果是這種煎法，即使利用平底鍋烹調也可以。正因為鐵板擁有很高的蓄熱性，只要保持穩定均一的火力，應該能夠更加活用素材的特性讓加熱方式更有效率。

鐵板燒只有從下方加熱。使用我前面提到的烹調方法來煎菲力肉的話，只有加熱朝下的那一面，側面和上面都是處於靜置狀態。重視肉汁的同時，一邊靜置一邊煎的話，煎好之後就不需要靜置了。

最後不是為了自圓其說，可以同時達到最佳加熱狀態、最佳口感、最佳色澤的目標，提供真正現煎料理的正是鐵板燒的技術。透過簡單的方式發揮食材的潛力，即使以160℃來煎，最終還是會因為梅納反應而煎出漂亮的焦色。如果想要發揮出最上等和牛菲力（沙朗也一樣）的美味，這個手法可說是最恰當不過了。

■ 煎菲力肉

將肥育月齡34個月的菲力肉，放在 -2～0℃的溫度中熱成約2週。因為要充分利用鐵板的特性慢慢地煎，所以我認為事前不需要恢復至常溫。厚度切成3cm。

1

將 E.V. 橄欖油倒在165℃的鐵板上，以長板鏟抹開之後，均勻地加熱。因為溫度低，肉很容易黏在鐵板上，所以油量要稍多一點。

2

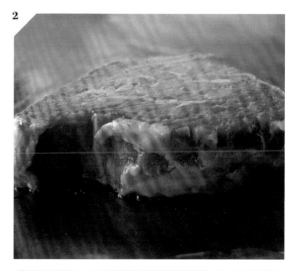

將肉放在鐵板上。可以清楚看出與鐵板接觸的那一面，油不會四處飛濺。聲音也很安靜。保持這個狀態，將表面加熱到變硬。

»靠聲音來判斷

用高溫煎肉的話，表面的細胞破損之後，水分會往外流失，蛋白質會漸漸凝固，肉的表面就會開始收縮。如果是肉質細緻的和牛菲力，情況正好相反，「煎製時要盡量避免水分流失」，讓菲力保有濕潤的口感。煎肉時所發出的滋滋聲，是從肉裡面流出來的水分與油分互相排斥的聲音。如果發出這個聲音就表示溫度太高了。

3

接觸面大致上變硬之後（約50秒後），翻面。煎過的那一面雖然變硬了，但是表面還很平滑，也沒有煎出焦色。

4

為了防止肉直接接觸到滾燙的鐵板，一開始的時候為了讓肉的下面一定要有油，會用長板鏟將周圍的油集中起來，然後推入肉的下面。

5

經過30～40秒後再度翻面。在這之後也是一再反覆翻面，盡量避免讓表面緊縮，同時從上下兩面均勻地加熱，慢慢將熱力傳送到肉的中心。

6

翻面4～5次之後，肉的表面會穩定下來。翻面也是間隔1分鐘左右。照片中是第7次翻面結束時的狀態。

7

用肉叉碰觸表面，以回彈的彈性來確認加熱的程度。這次合計約7分鐘，翻面8次之後就完成煎菲力牛排了。

8

因為是一點一點慢慢地傳送熱力到中心，所以不需要靜置。確認牛肉煎好之後，即可切開。

≫ 自始至終以相同的溫度，交替煎上下兩個面

將肉放在鐵板上之後，煎製時總計要上下變換位置7～8次。將肉翻面的時間點是在「接觸鐵板那一面的溫度漸漸上升，肉的表面收縮而快要裂開的時候」。

在多次翻面的過程中，肉的表面會慢慢地收縮（因梅納反應的關係，焦色也會跟著變深），並冒出蒸氣。最後，多餘的水分會變成水蒸氣消失，味道也會凝縮。

≫柔滑的口感

以較低的溫度慢慢煎熟的菲力肉,切面全部帶有均勻的紅色。口感柔滑,脂肪沒有油膩感,味道醇厚……將我理想中和牛的肉質特色發揮得淋漓盡致。

如果用高溫煎菲力肉的話(參照下方的比較範例),切面的中心是紅色,而切面與表面之間的部分則有點泛白。表面是酥脆的口感(因為是菲力,所以帶有一點乾柴感),由於水分消失了,使得肉的纖維和脂肪在口中融化的感覺都變得很明顯。擁有層次分明的美味。對於一直都喜歡「霜降肉」的人來說,這樣的肉質很合他們的口味。

比較範例

以高溫煎製→靜置的情況

1	2	3	4

將油倒在200℃的鐵板上,放上菲力。水分流出之後,會發出滋滋作響的聲音。因為肉的表面收縮之後會翹起來,所以要用煎鏟按住。	水分漸漸跑到肉的表面後,就可以翻面(大約3分鐘之後)。可以看出已經煎硬的表面出現了裂痕。水分會從裂痕這裡消失。	煎了約1分半鐘之後,將肉放在鐵板溫度較低的區域。讓肉裡面的對流平息,使熱力平均地傳送到整塊肉。	靜置大約1分鐘之後,即可切開。

|02| 和牛臀肉
因為纖維很多，所以用較低的溫度簡單地慢慢煎

一般認為，牛的肉是「從肩胛肉開始一步步往下料理」。而離肩胛肉很遠的臀肉，要較長的時間才能煎好。

一般在市面上流通的和牛是28～30個月齡的肉，如果是月齡較小的年輕和牛，尤其是瘦肉部位，吃起來的口感多半都還不夠柔嫩、多汁。要將瘦肉做成鐵板燒的話，最好選擇長期肥育的牛肉。這裡使用的是經過充分肥育、34個月齡的和牛臀肉。因為是以瘦肉為主，所以味道很濃郁，又因為屬於與沙朗連接的部分，多少帶有一點油花，做成牛排具有柔嫩的口感。

和牛經過細心肥育之後，沙朗和菲力以外的部位，美味度也會提高，臀肉和前腿上部的三角肩肉等部位，能夠以較為經濟實惠的價格提供給客人，屬於值得注目的食材。

臀肉的肉質與菲力、沙朗相較之下，纖維很多。我認為，能充分發揮肉的嚼勁和多汁感的簡單煎法才是最適合的。

因為脂肪少，用高溫煎的話水分會流失。以170℃的鐵板先慢慢地煎單面，翻面之後再繼續煎，依照這樣的煎法直到完成。

紅色很深且略帶油花的34個月齡的和牛臀肉。切成2cm的厚度使用。

···· MEMO ····

基本觀念：油的用法

為了避免肉的表面變乾或是裂開之後肉汁流失，必須倒入相當的油量，以油作為肉與鐵板之間的緩衝物。另外在煎肉時，為了避免生的肉直接接觸鐵板而黏在上面，在把表面煎硬到某個程度之前，要經常以長板鏟將周圍的油集中起來，推入肉的下面。

1

將 E.V. 橄欖油倒在170℃的鐵板上，使用長板鏟抹開，均勻地加熱。油量要稍微多一點。

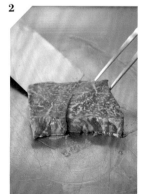

2

將肉放在鐵板上。

3

用長板鏟將周圍的油集中起來，推入肉的下面。

》補充油脂，避免肉的表面裂開

因為加熱的時候，肉很容易裂開，所以要適度補充上等的橄欖油或是牛脂，藉此煎出香醇多汁的牛肉。分切時要注意牛肉是否容易咬斷、容易入口。因為鮮味濃郁，即使寬度切得窄一點也能充分享受到鮮味。

MEMO

基本觀念：關於調味

在煎之前不需要撒鹽、胡椒。因為鹽會促進食材脫水，除非是帶有腥味的食材，否則上等的肉不需撒鹽。胡椒則是因為煎了之後會沾染焦臭味，所以不要撒胡椒。這兩者都是在肉煎好之後，為了調味才撒上去，或是附在一旁作為佐料。即使如此，也盡可能只添加最少的分量。只靠食材的味道和熱度的拿捏來定勝負，這就是鐵板燒。

4

為了避免接觸鐵板的那一面因為表面收縮而翹起來，煎的時候要用肉叉從上面輕輕按住（約2分半鐘）。

5

翻面。因為纖維很多，所以煎好的那一面會裂開。繼續煎1分半～2分鐘。

6

分切。因為纖維比菲力肉粗，所以切成較薄的一口大小。

---

03 | 安格斯牛沙朗

以瘦肉為主體的美國牛牛排，其實很適合鐵板的特性

在赤身肉極受歡迎的現代，尤其是在平價的鐵板燒餐廳，以瘦肉為主體的美國安格斯牛應該是很合乎效益的商品。

既試圖貼近日本人的口味，品質也大幅度提升，不過肉質不像和牛一樣帶有香醇和柔嫩的口感。以稍高的溫度煎出焦色之後，引出其鮮味與咬勁，表現出強韌的口感。不過，以200℃的高溫將沙朗肉的兩面煎硬，然後靜置一段時間，這樣的手法（平底鍋也辦得到）並沒有善用鐵板獨特的加熱特性。使用鐵板煎安格斯牛沙朗時，要以180℃左右的中溫慢慢地煎香兩面，讓熱力傳送到中心，同時將表面煎出剛剛好的焦色。

此外，它非常適合搭配醬汁。也可以在完成時在鐵板淋上大蒜醬油。

美國安格斯牛沙朗。因為纖維結實，切得太厚的話不易咀嚼，切得太薄的話水分則會流失，變得乾柴。要切得比和牛菲力肉稍薄一點。

1

照片中的安格斯牛沙朗厚2cm，重200g。將分量略少的E.V.橄欖油倒在180℃的鐵板上，然後把肉放上去。

2

將擴散出去的油用長板鏟集中之後，推入肉的下面。

3

接觸鐵板的那一面煎硬之後，翻面（約1分半鐘之後）。因為火力很強，所以煎汁滲出來之後會在鐵板上形成焦垢。

4

翻面之後以肉叉輕壓表面，使其緊貼鐵板，煎製時間與 3 相同。

再次翻面，稍微煎一下之後（約20秒）翻面，然後切開。結果兩面的煎製時間變成幾乎相同。表面雖有細微的裂紋，卻不會乾硬到裂開的程度。中心的紅色看起來很深，但中心仍處於加熱狀態。

≫以香味為優先，油稍微少一點

根據經驗，印象中美國牛肉很難煎上色，煎好的牛肉會有點泛白。為了煎出焦香的顏色，一開始倒在鐵板上的油量稍微少一點（雖然肉會有裂開的風險），刻意讓肉容易黏在鐵板上，藉此煎出焦痕。

掌握煎食材的手感

煎洋蔥圓形切片
練習肉的加熱方式和長板鏟的用法

要將洋蔥的圓形切片煎得很完美，想不到一點都不簡單。一邊不斷地上下翻面，一邊以低溫慢煎……建議可以把這當作訓練煎牛排手感的練習。雖然加熱溫度與翻面次數都不相同，不過適度地保留洋蔥的水分、均勻地煎出焦色（絕對不能煎到焦黑）、引出甜味的感覺，也有助於應用在煎肉上。要避免洋蔥散開，翻面的手法必須熟練，同時也需要訣竅，還能兼顧到長板鏟的練習。

04 | 鬥雞

以皮8對肉2的比例進行煎製

如果想在鐵板燒的菜單中加入牛肉以外的肉類，要選用什麼肉呢？豬肉的話，水分容易流失的肉質並不適合做成鐵板燒，而若是上等的品牌豬，則適合利用柴火或是炭火慢慢地烘烤厚厚的肉塊。

我認為，適合製作成鐵板燒的是鬥雞。以形狀來說也很容易煎，而且鮮味濃郁，口感帶有咬勁。只需要加點鹽和檸檬汁就十分美味了。

煎鬥雞時的重點在於「如何把皮煎得又酥又脆」。由於鐵板的優點是可以全面均等地煎出焦色，因此在煎鬥雞的時候要反覆確認雞皮變皺的狀況，並且仔細地拉平。同時，用長板鏟舀起雞肉流出的油脂澆淋在雞肉上也是一大重點。這樣的作業在平底鍋裡很難進行，但在鐵板上卻非常容易。

與普通的雞肉相較之下，鬥雞的鮮味濃郁，肉質也很結實。一片雞腿肉約300g，取一片直接放在鐵板上煎。

1

將E.V.橄欖油倒在180℃的鐵板上，然後把肉放上去。先靜置不動煎一段時間。

2

當雞皮漸漸收縮，便會出現「皺摺」。翻動雞肉查看，如果有雞皮皺在一起的地方，（就像拉平床單的皺摺一樣）要把它拉平。

3

拉平「皺摺」之後，重新將雞肉平放在鐵板上。

4

重複「拉平皺摺→重新放平」的作業。翻起右側之後，接下來翻起左側，就像這樣反覆進行。

5

焦色漸漸變深。一旦雞皮有「皺摺」，焦色就會變得不均勻，所以要均等地慢慢煎出焦色。

6

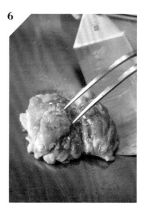

油脂漸漸滲出。將長板鏟迅速滑過雞皮和鐵板之間，舀起油脂。

7

使用肉叉輔助，把油脂淋在雞肉上。反覆進行這項作業。因為周圍也會滲出油脂，要將長板鏟從左右兩邊滑入雞肉底下舀取油脂。

8

一邊煎一邊反覆澆淋油脂，將雞皮那一面充分加熱，顏色變深之後（約3分鐘後），翻面。

9

在煎雞肉那一面時也要反覆舀取油脂，澆淋在雞皮上。

»一邊煎一邊澆淋鬥雞本身的油脂

使用鐵板慢慢煎熟雞皮的期間，油脂會漸漸融化流出來。因為鬥雞的油脂很美味，所以反覆將它舀起，澆淋在雞肉上面。這樣既可以防止雞肉變乾柴，又能加強風味。煎好的雞肉也會產生多汁的口感。

10

藉由雞肉的彈性確認加熱狀況（約1分半鐘後）之後，切開。如果不好切的話，改將帶皮面朝下。

伊勢龍蝦

煎一整尾龍蝦，不需醬汁，以食材本身的美味取勝

龍蝦和伊勢龍蝦這類大型蝦，先切成一半再煎，這是一般的做法，不過這麼做的話，蝦肉容易縮水，而且表面會變乾，為了補充水分，就變成要淋上醬汁。搭配美味醬汁享用的方式交給法式料理就好了，鐵板燒料理應該追求的是煎製的技術。

和肉一樣，由於目標是避免食材本身的鮮味流失，煎出香氣濃郁的蝦子，因此想出了「將整尾帶殼蝦燜煎」的方法。使用這種手法，蝦肉縮水的情況也很少，鮮味會凝縮在肉裡。如果一人份是半尾的話，遇到點餐數量是奇數時，食材便會產生損耗，若是改用體型較小的蝦，一人份就是一尾，食材便不會有損耗，享用的客人也會非常滿足。

因為設定一人份就是一尾，所以使用200〜250g的伊勢龍蝦。從尾尖插入鐵籤，穿入腹部的中心，防止蝦子亂跳。

將奶油放在190℃的鐵板上加熱融化。與油相較之下，使用奶油的話，之後加水時較少有油汁飛濺的情形。

放上伊勢龍蝦之後先煎腹部。蝦子流出來的汁液和奶油混合凝固而成的焦垢，要以長板鏟清除乾淨。約1分鐘之後，注入水。

利用蒸發的水分，讓蝦肉在殼裡面燜煎。用刀子攤開尾部，緊貼著鐵板，並以肉叉按住背部。

大約1分鐘之後，挪開蝦子，清除沾黏在鐵板上的焦垢，然後拔出鐵籤，讓蝦子倒向旁邊。注入水，燜煎（30〜40秒）。

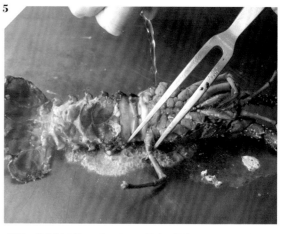

讓另一邊的側面朝下，注入水，同樣進行燜煎。不易貼緊鐵板的側面到背面，利用蒸氣的熱度來加熱。

6

將刀子的刀尖插入頭胸部的殼裡繞一圈，從腹部切開。

7

將頭胸部放在溫度略低的低溫區（170℃）。注入水。

8

立刻蓋上銅蓋。將蝦膏充分加熱（約3分鐘）。

9

同時讓蝦子的腹部朝上，用肉叉按住，以剪刀剪下腹足，再用刀子的刀尖剝下來。

10

將奶油放在150℃的鐵板上加熱融化。把蝦子放在奶油旁邊，一邊按住殼一邊用肉叉刺入蝦肉中扭轉一下，取出蝦肉。

11

立刻放在奶油的上面，將兩個側面迅速煎一下。在背部劃入切痕之後切開。淋上白酒，讓蝦肉均勻沾裹。盛盤。

》淋上少量的水，在殼的內部燜煎

使用鐵板的熱度＋水，在殼的內部燜煎。因為讓水分適度地蒸發很重要，所以不需要蓋上銅帽。以蝦殼取代銅帽。為了讓火力能均等地傳送到整尾蝦子，將腹部、兩個側面分別淋上水再加熱，反覆進行這項作業。

12

掀開 **8** 的銅帽。抬起頭胸部上側的殼，將它取下。

13

將步足側縱切成一半之後盛盤。從殼中挖出蝦膏添加在旁邊。

Part 2
以套餐吸引客人

傳統上，鐵板燒多數是以套餐料理的形式供應。近年來，為了配合美食需求的多樣化，而積極研發的許多創意菜單也紛紛登場。透過「從前菜到甜點」的套餐菜單，如何善用鐵板，以美味和動作來吸引客人呢？本章將全數公開4家頂級餐廳依照各家的主題所設計的套餐菜單內容。

六本木うかい亭

Roppongi Ukai-tei

東京・六本木

配合客人的需求來提案、創作。
融合技術、創意與周到的服務

創業於1964年的日本UKAI集團，從位於東京近郊八王子的地爐炭火燒烤店起家，其後延伸至鐵板料理、豆腐料理、割烹料理、甜點等不同業態，在各領域都有舉足輕重的地位。鐵板料理是在1974年由八王子的一號店開始的，其他還有東京的3家店，以及神奈川的2家店，作為東京・神奈川這個區域鐵板料理的第一把交椅，品牌力十分穩固。UKAI亭也進軍台灣，開了2家店。

可以使用指定牧場飼養的和牛等上等食材，正是集團化經營的優勢。此外，從45年前至今，為徹底鑽研岩鹽蒸鮑魚等招牌料理、精進鐵板料理技術的工作人員冠上「師傅」稱號的人才培育法、精選的室內陳設品和擺設，還有更重要的是，依照各家店的料理長和經理的整體規劃，主打不同的特色，這也是UKAI集團獨有的特色。即使同為UKAI亭，各家店的菜單卻不同，也沒有共通的工作準則。

2018年最新開設的六本木店，擁有6間私密性十足的半包廂，採取的是「主廚的餐桌」形式。深紅色的吧台座位營造出高雅的用餐氣氛。晚間的套餐價格由3萬3,000日圓起跳，而最能發揮店家個性的是「高級訂製套餐」，價格由3萬8,500日圓起跳。菜單內容不固定，餐廳在接受預約時會詢問客人的要求，諸如「白松露要很多」、「一定要有松葉蟹」等，再個別組合成套餐的內容。料理長岡本讓先生是學法式料理出身的，也有在美國任職的經驗，不過他表示：「因為與姐妹店的割烹料理店相鄰，所以本店的特色在於，同時也納入了日式的味道和技術。」

為了不負上等的食材，廚師運用了許多細膩絕妙的技巧。根據不同的料理，服務人員也會為每一道菜丟出不一樣的變化球。這裡被稱為「劇場」，廚師雖然集客人的目光於一身，但他們其實會仔細觀察客人的反應，並貫徹他們的每一個眼神和動作。那樣周到的服務與高評價、回客率息息相關。

東京都港区六本木 6-12-4
六本木ヒルズけやき坂通り 2F
03-3479-5252
www.ukai.co.jp/roppongi-u

高級訂製套餐
Haute couture course

– 01 –

現蒸毛蟹與魚子醬
附布利尼薄餅

Steamed KEGANI crab and caviar with blini

– 02 –

帕馬森乳酪沾裹
北海道產白蘆筍

*White asparagus from Hokkaido wrapped
with shaved parmigiano reggiano*

– 03 –

煙燻半熟牛菲力
佐山椒花

*Light smoked fillet-minion "Tataki",
a hint of Sichuan pepper*

– 04 –

魚翅素麵佐甲魚澄清湯

*Shark's fin somen noodle,
SUPPON consommé*

– 05 –

裹粉香煎江戶前白帶魚
佐清爽的夏季香氣

Scabbard fish meunière with ginger flavor

– 06 –

岩鹽蒸鮑魚佐佩里格醬汁

*Abalone "en-croûte" with salt,
sauce périgueux*

– 07 –

UKAI頂級牛排

The best quality of beef "UKAI" steak

– 08 –

毛蟹與自製烏魚子
現炊土鍋飯

*Rice steamed with KEGANI crab in cray pot,
home-made bottarga*

– 09 –

熟成哈密瓜與馬斯卡彭慕斯百匯

*Ripe sweet melon sundae
with mascarpone mousse*

– 10 –

花色小蛋糕

petit-four

調理／岡本 讓

日本靜岡縣出身。曾於法式料理名店任職14年，擔任過系列店的主廚。於美國加州的餐廳工作4年之後，2009年進入（株）UKAI公司。擔任過「蘆野UKAI亭」的料理長，2018年於「六本木UKAI亭」開幕時就任料理長。

食材展示
Presentation

先向客人展示黑毛和牛里肌肉、菲力、臀肉蓋，以及
山產海鮮等當季食材，UKAI亭劇場由此揭開序幕。
以岡本料理長為首，店內的6個半包廂裡各有負責烹
調的師傅和廚師。如果是高級訂製套餐，各個包廂所
提供的食材都不一樣，不過牛肉同樣都是使用「田村
牛」，這是由位於鳥取縣和兵庫縣交界的指定牧場以
長期肥育方式養成的牛。

– 01 –

現蒸毛蟹與魚子醬
附布利尼薄餅

Steamed KEGANI crab and caviar with blini

先利用香藥草的香氣促進食慾。然後，煎製布利尼薄餅，以2
支煎鏟剝除蟹腳的外殼之後，輕敲外殼取出蟹肉等，一連串巧
妙的技法令人著迷。

構成

毛蟹的腳（事先以霜降法處理）
布利尼薄餅
魚子醬
洋蔥法式酸辣醬
蛋鬆
酸奶油
檸檬瓣形切片
金箔

1	2	3	4

先以鹽製作底座。將大量的鹽放在鐵板（180℃）上面，抹平。	在鹽的底座中央淋上適量的水讓它變濕，然後放上羅勒和蒔蘿等數種香藥草。蒸熱之後，開始冒出蒸氣。	將毛蟹的腳放在香藥草的上面。灑上少量的橄欖油和水，蓋上銅帽之後開始蒸。	將調好的麵糊倒在高溫區的鐵板（200℃）上，煎成布利尼薄餅。

在蟹肉的上面擺放大量的魚子醬，再以金箔點綴裝飾。將魚子醬的鮮味和鹹味、檸檬的酸味、3種佐料，依個人喜好調配在一起，就能享用到各種不同的味道。

5

兩面都煎出漂亮的焦色，側面也邊轉動邊煎，然後放在（已經盛入配料的）盤子上。

6

蟹腳蒸了大約5分鐘之後，掀開銅帽。

7

將蟹腳放平之後，以煎鏟拉開外殼，取出蟹肉。腳尖部分先留下備用，用於製作飯的高湯。

8

將蟹肉整齊美觀地排列在鐵板的低溫區，淋上檸檬汁。使用煎鏟剷起蟹肉，放在布利尼薄餅上。

– 02 –

帕馬森乳酪沾裹
北海道產白蘆筍

White asparagus from Hokkaido wrapped
with shaved parmigiano reggiano

將豐盛的當季蔬菜以簡單的方式烹調。把在廚房裡
預先煮過的白蘆筍，連同鍋子送到客人面前，由服
務人員在現場完成之後即可上菜。

構成

白蘆筍（預先煮熟）
帕馬森乳酪（36個月）
嘉拉蜂蜜
塔斯馬尼亞胡椒粒（磨碎）

1

將預先煮好的白蘆筍掀開鍋蓋，
讓客人感受一下飄上來的香氣。

2

將白蘆筍用鐵板加熱之後，放在
刨碎的帕馬森乳酪上面滾動。然
後盛盤。

用Microplane刨刀刨出鬆散的帕馬森乳酪碎屑，沾裹在白蘆筍
上。淋上嘉拉蜂蜜之後，再撒上磨碎的塔斯馬尼亞胡椒粒，增
添特殊風味。

構成

黑毛和牛菲力 … 40g
鹽之花
山椒花（預先煮熟）
山椒花泥
二次澄清湯

1

在鐵板（250℃）撒上薄薄一層鹽
之花，將菲力的側面稍微煎硬。
每次轉動一面（使其裹上鹽），
均等地煎硬。

2

去除周圍的鹽，依序將上下的切
面煎硬。

3

每一面都漂亮地煎硬的狀態。

– 03 –

煙燻半熟牛菲力
佐山椒花

Light smoked fillet-minion "Tataki",
a hint of Sichuan pepper

將牛菲力在鐵板上轉動,同時和緩地加熱,最後用
茶葉進行煙燻。一邊烹調一邊確認焦色和熟度(最
終的中心溫度為62℃)的平衡。掀開銅帽,終於
將肉分切開來時,那完美的焦色是最初獻給客人的
視覺饗宴。

將分切好的肉盛放在鋪有山椒花泥的盤子裡。倒入澄清湯。撒上山椒
花。肉的細緻鮮味、微微的煙燻感、山椒高雅的刺激風味,在嘴裡和
諧地相互交融。

4

移動至低溫區。將側面放在鐵板
上,蓋上銅帽加熱5分鐘左右。
偶爾掀開銅帽,變換接觸鐵板的
那一面。

5

放上已經變熱的備長炭,在炭的
上面擺放伯爵茶的茶葉,然後將
肉放在旁邊,蓋上銅帽。

6

進行煙燻大約30秒。因為目的
不是加熱,而是使肉沾附煙燻的
香氣,所以在低溫區進行。

7

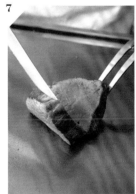

掀開銅帽,取出備長炭,從菲力
的側面分切成一半。

– 04 –

魚翅素麵
佐甲魚澄清湯

Shark's fin somen noodle, SUPPON consommé

在享用套餐的過程中，為了讓客人清清口中的味道，有時會提供小份的素麵。在客人的面前倒入冷的甲魚澄清湯，再以雪莉酒噴霧增添香氣。

構成

甲魚澄清湯與冰沙
澄清湯煮魚翅
素麵
酢橘、雪莉酒

– 05 –

裹粉香煎江戶前白帶魚
佐清爽的夏季香氣

Scabbard fish meunière with ginger flavor

構成

切段的白帶魚
生薑醬汁
翡翠茄子
羅勒泥

油脂肥美的白帶魚切段之後再煎，魚肉比較不會縮水，而且肉質多汁。還可以藉此展現技法，使用煎鏟將冒泡的奶油沾裹在魚肉上面，或是將魚肉從魚骨上取下。

1	2	3	4

1 將白帶魚撒上鹽、黑胡椒，並在兩面裹滿高筋麵粉。

2 拍除多餘的麵粉後，放在已倒入太白芝麻油的鐵板（250℃）上。煎魚時以煎鏟將周圍的油集中在白帶魚附近。

3 翻面，另一面也要煎。中途擦掉已經髒掉的油，將新的油倒在別的位置加熱後，追加補充上去。

4 翻面。將鐵板擦乾淨，放上奶油加熱融化。奶油冒泡之後，以煎鏟取一部分倒在魚肉的下面。

5

將魚肉在冒泡的奶油上翻面。以煎鏟把奶油集中在魚肉附近，一邊煎一邊使魚肉充分吸收奶油的香氣。

6

一邊澆淋奶油一邊煎熟。

7

去除奶油之後，將魚肉放在鐵板的低溫區，蓋上銅帽（在製作醬汁期間，最後的加熱）。中途，視情況將魚肉翻面。

8

將加熱過的橢圓形鍋子放在鐵板上，製作生薑醬汁。取另一個鍋子，以羅勒泥調拌翡翠茄子。

9

掀開銅帽之後，從魚肉的兩側沿著中骨插入煎鏟，取下上半部的魚肉。

10

同樣從中骨下方的魚肉兩側插入煎鏟，取下魚骨。將魚肉盛盤。

藉由爽口的生薑醬汁襯托出裹粉香煎白帶魚的濃厚風味。
附上用羅勒泥拌翡翠茄子做成的配菜。

― 06 ―

岩鹽蒸鮑魚
佐佩里格醬汁

Abalone "en-croûte" with salt, sauce périgueux

這是 UKAI 亭 45 年以來的招牌料理。使用「一整顆、不切片」的天然活鮑魚，是 UKAI 亭始終如一的堅持。還添加了適合搭配肉料理的佩里格醬汁，讓客人盡情享用堪稱海中野味的鮑魚帶有的咬勁與鮮味。

構成

活鮑魚
韭蔥
白奶油醬汁
佩里格醬汁

將油倒在鐵板（220～230℃）上，然後把 2 片竹葉重疊，放在鐵板上。擺放活鮑魚。放上醋漬龍蒿與檸檬切片。

在鮑魚的上方蓋上昆布（已泡水還原）。然後蓋上大量的鹽，將全體包覆起來。

從上方淋入適量的水，將鹽適度地弄濕。

蓋上銅帽之後，靜置 15～20 分鐘燜煎。

視鮑魚的大小調整燜煎的時間。掀開銅帽，取下鹽殼。

使用刀子和肉叉，從殼中取出魚肉。放在鐵板上，將鮑魚肝切下來。

修整貝柱的側緣，並在表面劃入斜格狀刀痕。

一次處理一顆鮑魚，作業結束之後，暫時把鮑魚肉放回殼中（避免在盛盤之前的短暫空檔過度加熱）。

將切下來的鮑魚肝放在倒入橄欖油的鐵板上煎。撒上鹽、胡椒。

鮑魚的重量約130g。雖然有時也
會將200g的鮑魚切成一半提供給
客人，不過即使在這種狀況下也不
切片，讓客人享受鮑魚的咬勁。將
醬汁裡的松露擺放在鮑魚上，讓香
氣飄散開來。

UKAI 頂級牛排

The best quality of beef "UKAI" steak

在每次內容都不同的高級訂製套餐中，客人必點的菜色就是牛排。為了讓客人能均衡地品嘗到酥脆的表面和多汁的口感，所以將牛肉切成骰子狀，再搭配精選的佐料和配菜。

構成

黑毛和牛沙朗 … 180g（3人份）
炸蒜片
炒黑葉白菜
醬油漬辣根泥
辣根泥
柬埔寨生胡椒粒
調合醬油

配合內部裝潢而特別訂製的牛排盤，是唐津陶藝家十四代中里太郎右衛門的作品。佐料還另外附上調合醬油。

1

將太白芝麻油倒在鐵板的低溫區後，立刻放上大蒜切片。用小火不斷在油的上面翻炒蒜片。

2

在快要炸成金黃色時，將油清除並撒上鹽，暫時放在鐵板的邊緣去除油分。取出裝入容器中。

3

肉不需要恢復至常溫，直接從冷藏室裡拿出來使用。在肉的上面撒上鹽、胡椒。

4

在鐵板（270℃的區域）上倒入太白芝麻油，將肉翻面之後放在油上。以煎鏟將油集中在肉的旁邊，並在上面撒上鹽、胡椒。

5

底面漂亮地煎上色之後（大約2分鐘），翻面。

6

煎肉的時候，肉會漸漸地滲出油脂。因為油脂會沾染上氧化的臭味，所以要集中後丟掉。

7

背面煎大約2分鐘之後，移至低溫區靜置（大約5分鐘。這時要視肉的狀態適度靜置）。

8

將黑葉白菜放在高溫區，在根部劃入切痕之後，淋上少量的水，蓋上銅帽燜煎。

9

撒上鹽、胡椒，接著以煎鏟承接醬油，淋一些在黑葉白菜上，然後切成一口大小。擠上檸檬汁。

10

煎得恰到好處，表面出現焦色且香氣四溢，裡面的肉汁已經穩定下來。

11

分切成3等分的細長條狀。

12

將各面稍微煎一下。移動至高溫區，分切成一口大小之後盛盤。

毛蟹與自製烏魚子
現炊土鍋飯

Rice steamed with KEGANI crab in cray pot,
home-made bottarga

為了滿足客人的需求，作為尾聲的餐點有土鍋炊飯、素麵、蒜香炒飯、義式燉飯等不同的選擇，土鍋炊飯中使用了扇貝柱、黑松露、海膽、魚子醬生蛋拌飯等豐富的食材，讓人看了就很開心。毛蟹出現在套餐的一開始和最後，可以提高故事性，成為留在客人記憶中的味道。

構成

嫩薑飯
剝散的毛蟹肉
烏魚子切片
岩海苔味噌湯
醃菜

將加入嫩薑碎末的白米用土鍋炊煮，再放上蒸過的毛蟹肉一起蒸熟，然後展示給客人看。

– 09 –

熟成哈密瓜與
馬斯卡彭慕斯百匯

Ripe sweet melon sundae with mascarpone mousse

甜點有3種可供選擇，大多是百匯、布丁、白玉善哉
（白玉湯圓紅豆湯）這類暖心懷舊的甜品。哈密瓜百
匯是以馬斯卡彭慕斯、哈密瓜果肉、哈密瓜醬汁與冰沙
層層堆疊而成，其中的冰沙是用刨冰機刨成碎冰。

– 10 –

花色小蛋糕

petit-four

即使吃得很飽，還是會忍不住想伸手拿取，這些誘人的
小甜點是放在蛋糕架上提供給客人。舉例來說，甜點的
品項有檸檬週末蛋糕、焦糖香蕉馬卡龍、巧克力甘納許
小塔、開心果義式脆餅、堅果覆盆子牛軋糖。

換個地方提供餐後的茶飲和花
色小蛋糕是此店的風格。這時
會換到可以欣賞整排櫸木的酒
吧雅座。午餐的花色小蛋糕以
現烤出爐的瑪德蓮蛋糕為基本
款，其濃郁的香氣和中央隆起
的質樸外形很受歡迎。

現蒸毛蟹與魚子醬
附布利尼薄餅 *p.052*

【毛蟹的前置作業】

切下毛蟹（800g）的腳，放入滾水中燙
過，再放入冷水中（霜降法）。在外殼
劃入切痕，先取出蟹肉再放回殼中。剝
開蟹腹的殼之後盛放鹽，蒸至8分熟左
右。蟹螯和蟹殼用來萃取高湯（兩者都
可用於土鍋炊飯）。

【布利尼薄餅】

高筋麵粉 … 160g
泡打粉 … 12g
細砂糖 … 36g
鹽 … 3g
全蛋 … 1個
牛奶 … 150g
優格 … 150g

【洋蔥法式酸辣醬】

在切成碎末的新洋蔥中拌入法式混合香
料（fines herbes）、檸檬汁、法式沙拉
淋醬、酸豆，再以鹽調整味道。

【蛋鬆】

製作水煮蛋。分成蛋白和蛋黃，分別以
篩網壓濾之後混合在一起。

帕馬森乳酪沾裹
北海道產白蘆筍 *p.054*

【白蘆筍的前置作業】

將極粗的白蘆筍削皮。在滾水中放入削
下來的蘆筍皮、稍多的鹽、切成一半的
檸檬、百里香，再把白蘆筍放入煮熟。

煙燻半熟牛菲力
佐山椒花 *p.055*

【山椒花泥】

山椒花（煮熟）
蘿蔔泥的汁
細香蔥
二次澄清湯
太白芝麻油

將材料一起放入果汁機中攪打，然後以
鹽調味。

【二次澄清湯】

將牛腱肉絞肉、生火腿的邊角肉、香味
蔬菜、白高湯煮過之後，讓湯變清澈，
製作澄清湯。再度放入牛腱肉絞肉和少
量的雞腿絞肉、月桂葉、百里香、帶皮
壓碎的大蒜一起煮。加入數滴醬油和粗
磨黑胡椒，然後用布過濾。

魚翅素麵
佐甲魚澄清湯 *p.056*

【甲魚澄清湯】

甲魚 … 2隻
a | 紅酒 … 8合（1,440ml）
  | 水 … 1升（1,800ml）
  | 昆布 … 3片（將1m切成⅓）
  | 生薑、長蔥 … 適量

切下甲魚的頭部之後放血，然後進行分
切。除了內臟之外，全部和 a 一起放入
鍋中，以小火煮4小時之後過濾。

【甲魚澄清湯冰沙】

將甲魚澄清湯冷凍之後，用刨冰機刨成
碎冰。

【澄清湯煮魚翅】

魚翅浸水一天泡軟，然後從冷水煮到沸
騰，去除腥味。剝散之後，用甲魚澄清
湯稍微煮一下，直接浸泡在湯裡放涼。

裹粉香煎江戶前白帶魚
佐清爽的夏季香氣 *p.056*

【羅勒泥拌翡翠茄子】

圓茄子

a | 羅勒
   | E.V. 橄欖油
   | 大蒜

1 圓茄子去皮之後，抹滿鹽和橄欖油，用保鮮膜包起來，以600W的微波爐加熱3～5分鐘。用手搓揉一下，讓顏色顯現出來。
2 將 a 以果汁機攪打成泥。
3 將橢圓形鍋子放在鐵板上，放入已經切成¼的 1，加入 2 調拌。

【貝類高湯】

a | 大海瓜子、文蛤
b | 生薑（切成厚片）
   | 長蔥（蔥綠的部分切成大段）
   | 西洋芹葉
   | 昆布 … 20cm長1片
水 … 適量

將等量的 a 連同 b 一起放入鍋中，倒入剛好蓋過材料的水，慢慢地加熱，煮滾之後取出昆布，繼續煮5分鐘左右，關火。靜置30分鐘之後過濾高湯。

【生薑醬汁】

a | 生薑（切成碎末）
   | 紅蔥頭（切成碎末）
   | 百里香
   | 醋漬酸豆（切半）
橄欖油
娜利普萊香艾酒（Noilly Prat）
葛粉
貝類高湯

1 將加熱過的橢圓形鍋子放在鐵板上，倒入橄欖油加熱，然後放入 a。開始冒出香氣之後，加入娜利普萊香艾酒，讓酒精蒸發。
2 貝類高湯以加水調勻的葛粉勾薄芡，然後加入鍋中，使醬汁乳化。

岩鹽蒸鮑魚
佐佩里格醬汁 *p.058*

【佩里格醬汁】

a | 馬德拉酒
   | 白蘭地
紅寶石波特酒
b | 濃縮肉汁
   | 二次澄清湯
油封松露
松露汁
c | 鮮奶油
   | 奶油

1 將相同比例的 a 和少量的紅寶石波特酒倒入鍋中，熬煮到幾乎沒有水分，加入 b 煮乾水分之後，過濾。
2 將油封松露（將松露煮滾之後弄乾，與橄欖油一起做成真空包裝，然後以70℃加熱30分鐘）切成1cm的小丁，以奶油稍微炒一下，加入松露汁之後稍微煮乾水分。
3 將 1 加入 2 中調勻之後，再加入 c 就完成了。

【水煮韭蔥】

將韭蔥的蔥綠部分切成長條狀，為了保留口感，用加了鹽的滾水稍微煮一下。

UKAI頂級牛排 *p.060*

【醬油漬辣根泥】

將辣根磨成泥，加入各少量的醬油、煮滾後酒精已蒸發的味醂，混合之後醃漬半個月左右。

【調合醬油】

a | 醬油 … 900cc
   | 味醂 … 450cc
   | 昆布 … 20cm方形1片
柴魚片 … 1把

將 a 放入鍋中煮至沸騰，關火之後放入柴魚片。在冷藏室靜置3天之後，取出過濾。

毛蟹與自製烏魚子
現炊土鍋飯 *p.062*

將白米淘洗乾淨之後，加入切成粗末的嫩薑、相同比例的水和毛蟹高湯，以土鍋炊煮。放上毛蟹的腹部、螯、腳等部位的蟹肉蒸熟。

熟成哈密瓜與
馬斯卡彭慕斯百匯 *p.063*

【馬斯卡彭慕斯】

馬斯卡彭乳酪 … 100g
a | 細砂糖 … 15g
   | 增稠劑（PROESPUMA COLD）
    … 8g
脫脂濃縮乳 … 20g
牛奶 … 30g
鮮奶油（乳脂肪含量40%）… 50g

1 將馬斯卡彭乳酪攪散，加入已經混拌均勻的 a 一起混合。
2 依序加入剩餘的材料混合，放在冷藏室中半天以上，然後裝入氮氣瓶中。

【哈密瓜冰沙】

將哈密瓜放入搾汁機中搾出汁液，加入水和細砂糖調整味道之後冷凍起來。

【哈密瓜醬汁】

依照冰沙的作法製作哈密瓜汁，再以凝固劑（シェフズミラクル）增加濃度。

京都柏悅飯店「八坂」

Park Hyatt Kyoto, YASAKA

京都・高台寺

由法式料理的技術和美食觀念孕育出來的
新鐵板料理

2019年秋天，位於京都東山的京都柏悅飯店開幕。飯店位置鄰近高台寺，融入周遭的歷史建築中，是一家環境靜謐、規模不大的超奢華飯店。

飯店內有一間知名的餐廳，八坂。吧台座位呈ㄈ字形圍繞著長長的鐵板，往窗外望去可以看到八坂之塔，宛如欣賞一幅畫一般。多麼特別的空間。八坂迥異於以往「飯店的鐵板燒」，是一家引進法式高雅格調的新概念鐵板燒料理餐廳。

主廚是久岡寬平先生，他曾在以南法為中心的一流法國餐廳累積了16年的經驗。久岡先生是曾在巴黎獲得米其林一星評價的第一線實力派廚師。他表示「八坂尊崇日本鐵板燒的本質，同時構築以法式料理為基礎的料理」。

晚餐共有3種選擇，分別是有5道料理的傳統鐵板燒（27,830日圓），有6道料理的固定價格套餐（32,890日圓），以及創作度很高的主廚精選套餐（37,950日圓）。主廚精選套餐的主菜可以選擇山形牛，或是以法式料理為基礎的肉料理。

八坂的特色在於「以團隊分工的方式製作料理」。在久岡先生的指揮之下，由多位煎台手分擔職務，在不同的料理、不同的烹調階段通力合作，使料理能夠依序提供給客人。可說是以鐵板為舞台的法式料理開放式廚房。另一項特色是，以往的鐵板燒通常是以肉類為中心，不過在八坂的鐵板燒當中，海鮮也占了很大的比例。儘管如此，並不是所有的法式料理都可以用鐵板來表現。事先判斷什麼可以用鐵板表現，決定要表現什麼之後，再組合成菜單，安排烹調流程，為了能夠在鐵板上完美地完成料理，事前會仔細地進行備料工作。另一方面，有時候正是因為使用鐵板烹調，才能比傳統的法式料理以更細膩的方式加熱。由「法式料理×鐵板燒」所產生的化學反應，讓法式料理與鐵板燒均創造出新的可能性。

京都市東山区高台寺桝屋町360
075-531-1234
www.parkhyattkyoto.jp

主廚精選套餐
Tasting menu

– 01 –

今日三種開胃小菜

Canapés

– 02 –

烤甜菜根與山羊乳酪
佐柑橘油醋醬汁

Roasted beetroot, chevre cheese, citrus vinaigrette

– 03 –

海膽明蝦魚子醬
馬鈴薯鬆餅

Potato pancake with sea urchin and prawn caviar

– 04 –

加利西亞風味章魚
佐羅美斯科醬與西班牙香腸

Galician style octopus, chorizo and romesco sauce

– 05 –

駿河灣海螯蝦與
扇貝韃靼

SURUGA Bay langoustine and scallop tartare

– 06 –

馬賽魚湯

Bouillabaisse

– 07 –

清口小品

Riped tomato tartare

– 08 –

南法錫斯特龍產小羊背肉
佐蒜葉泥

Lamb loin of Sisteron, green garlic purée

– 09 –

牛肉時雨煮烤飯糰的高湯茶泡飯

*Simmerd beef, roasted rice ball and dashi,
"Ochazuke" style*

– 10 –

守破離冰沙

Pre-dessert, SHUHARI granité

– 11 –

蜜桃梅爾芭

Peach Melba

– 12 –

小茶點與伴手禮盒

Petit-four

調理／久岡寬平

日本奈良縣出身。20多歲時遠赴法國，在蒙彼利埃和巴黎的「普塞爾兄弟（Frères Pourcel）」、拉納普勒的「綠洲（L'Oasis）」等餐廳修業。2016年時任巴黎「松露園（La Truffière）」餐廳的料理長，獲得米其林一星的評價。2019年就任京都柏悅飯店「八坂」的料理長。

– 01 –

今日三種開胃小菜

Canapés

將法式酥皮肉派等法式料理才有的精緻美味加以組合，製作成一口大小。晚餐時段，在客人就座之後先端出開胃小菜，讓客人能夠一邊看菜單一邊佐以香檳或啤酒，享受用餐前的短暫時光。

構成

油封梭子魚開面三明治
法式酥皮鴨肉派
龍蝦鹹蛋糕

– 02 –

烤甜菜根與山羊乳酪
佐柑橘油醋醬汁

Roasted beetroot, chevre cheese, citrus vinaigrette

在套餐登場之前，提供帶有季節感的小碟冷菜作為開胃小點。將京丹後的青木農園生產的甜菜根和山羊乳酪組合在一起，再添加青蘋果的清爽感與松露的香氣。

甜菜根灑上娜利普萊香艾酒之後燜煎。充滿濃郁奶香的乳酪、口感清脆的青蘋果為這道冷菜增添了獨特的風味。柑橘油醋醬汁則讓整體呈現清新的味道。

將粉類的用量降低至最小程度的布利尼薄餅麵糊，是以馬鈴薯泥為主體。馬鈴薯的溫和風味包覆住魚子醬、海膽、明蝦的鮮味。

– 03 –

海膽明蝦魚子醬
馬鈴薯鬆餅

Potato pancake with sea urchin and prawn, caviar

將「魚子醬與布利尼薄餅」的傳統搭配，重新組合出獨特的風味。將加入蕎麥粉的布利尼薄餅在客人的面前煎製，香氣會更加濃郁。這是八坂的招牌料理之一。

構 成

布利尼薄餅麵糊
明蝦
生海膽
魚子醬
酸奶油
雞尾酒醬汁
細葉香芹

1	2	3	4

在圈模的內側塗抹米油，然後放在同樣倒了米油的中溫鐵板上。填入布利尼薄餅麵糊（高5mm左右）。	取下圈模，不要碰觸麵糊，靜置在鐵板上加熱。上色之後翻面，將兩面都煎成金黃色。	同時在鐵板上煎明蝦（將蝦殼剝除）。兩個側面都煎上色之後，縱切成一半。	將煎好的布利尼薄餅移至鐵板的邊緣，塗抹醬汁和酸奶油。在上面盛放配料。

加利西亞風味章魚
佐羅美斯科醬與西班牙香腸

Galician style octopus, chorizo and romesco sauce

將西班牙鄉土料理（在水煮章魚和馬鈴薯撒上紅椒粉）以細膩的手法稍作變化。預先仔細處理好章魚和馬鈴薯，放在鐵板上煎，然後添加羅美斯科醬（以紅甜椒為基底製成的堅果風味醬汁）和西班牙香腸。

構成

章魚（和歌山產／預先煮熟）

油封馬鈴薯

風乾的西班牙香腸

羅美斯科醬

西班牙香腸奶油醬

綠莎莎醬

切碎的榛果

萬壽菊的葉子

自製佛卡夏麵包

八坂的鐵板燒風格是「以團隊分工的方式進行」。兩位廚師站在長長的鐵板前，攜手合作完成一道料理，或是多道料理。

1

製作每一道料理之前都會展示食材。這道料理有章魚、馬鈴薯、柳橙、羅美斯科醬、西班牙香腸等，屬於西班牙風味。

2

將油倒在高溫（220℃）的鐵板上，放上章魚、油封馬鈴薯，把兩面煎出漂亮的焦色。

3

將佛卡夏麵包放在鐵板上，4面都煎到漂亮地上色。將西班牙香腸放在鐵板的中溫區，煎到變得飽滿多汁。

4

將檸檬汁灑在章魚上，然後盛放在已經舀入醬汁、擺好馬鈴薯的盤中。刨碎柳橙皮撒在上面，最後撒上紅椒粉。

3種醬汁不論搭配章魚或馬鈴
薯都非常對味。剩下的醬汁可
以當作佛卡夏麵包的沾醬。

駿河灣海螯蝦與
扇貝韃靼

SURUGA Bay langoustine and scallop tartare

將重量約200g的海螯蝦放在鐵板上，煎至最佳狀態，盡可能引出
蝦子的甜味。搭配的紫蘇、芫荽、鹽麴、Kanzuri辣椒醬……亞洲
的香氣和刺激風味與蝦子十分對味，引人食指大動。

構成

海螯蝦
鹽麴Kanzuri辣椒醬
扇貝韃靼
扶桑花凝凍
紫蘇花穗
芫荽油

切下海螯蝦的螯、腳、觸角，用來製作下一道馬
賽魚湯的高湯。以保留蝦頭（剝除腹部的殼）的
狀態展示給客人看。蝦頭也同時放在鐵板上煎，
在馬賽魚湯完成時使用。

1

將油倒在鐵板（220℃）上，把
已經切下頭部的海螯蝦（不需撒
鹽），以背部朝下的方式放在鐵
板上。

2

同時將縱切成一半的蝦頭（切面
朝下）放在鐵板上，由上方壓住
蝦頭，充分煎熟（加熱時間共計
大約3分鐘）。

3

逐次稍微變換蝦子的方向，讓蝦
子均勻地上色。

4

將腹部朝下，以長板鏟輕壓並煎
熟（共計大約1分鐘）。

5

在蝦子的背部塗上鹽麴Kanzuri
辣椒醬。

6

以瓦斯噴槍稍微炙烤一下。

儘管這是一道熱菜，配菜卻是冷
製的扇貝韃靼。紫蘇和茗荷的香
氣也將蝦子的鮮甜滋味襯托得更
為明顯。

馬賽魚湯

Bouillabaisse

以主廚熬煮出的南法料理精華與日本海鮮結合而成的招牌菜。奢侈地使用各種食材，萃取出十分講究的海鮮高湯，加入用鐵板煎過的海螯蝦蝦頭之後，香氣顯得更加濃郁。與剛煎好的海鮮一起盛盤。

構成

馬賽魚湯的高湯
三線雞魚、金眼鯛的切塊
白酒煮貼貝
羽衣甘藍（青木農園）
番紅花煮茴香
蒜泥蛋黃醬
自製鄉村麵包

1

將在前一道料理中煎香的海螯蝦蝦頭灑上少量的干邑白蘭地，稍微煮一下（左）。右邊是馬賽魚湯的高湯。

2

將 **1** 的蝦頭加入馬賽魚湯的高湯中，稍微熬煮出味道。讓剛煎好的香氣、新鮮的鮮味轉移至高湯中。

3

將貼貝、紅蔥頭碎末、義大利香芹、白酒放入鍋中蒸煮。貼貝開殼之後由鍋中取出。

4

將 **3** 的煮汁稍微煮乾水分，加入奶油。塗抹在已經開殼的貼貝上面。

5

將魚塊（帶皮面朝下）放在高溫的鐵板上。由上方按壓，確實地煎烤魚皮。將番紅花煮茴香也放在鐵板上煎。

6

魚皮下面的膠質漸漸融解之後，將魚塊移至鐵板的低溫區，擺放上羽衣甘藍，蓋上銅帽蒸大約3分鐘。

7

掀開銅帽，將魚塊翻面之後，撒上鹽、胡椒。放入 **2** 的高湯鍋中，讓魚塊吸收高湯的味道。

8

過濾高湯，充分按壓蝦頭，搾出鮮味。

9

以茶筅攪拌。將魚塊、貼貝、茴香盛入盤中，倒入高湯。擺上羽衣甘藍。

「馬賽魚湯的主角是高湯」。搭配自
製的鄉村麵包、蒜泥蛋黃醬，讓客人
盡情享用南法料理的絕妙美味。海鮮
是挑選適合的當季魚貝，有時會將海
鮮在鐵板上煎到半熟之後，再用高湯
稍微煮過。

– 07 –

清口小品

Riped tomato tartare

將熟成番茄韃靼搭配番茄鳳梨雪酪、醃漬嫩薑一起享用。酸味不會太強烈的清爽風味，可以溫和地清除口中的味道。

番茄韃靼是將京都產的熟成番茄切成小丁，以石榴的濃縮精華和鹽調味而成。

– 08 –

南法錫斯特龍產
小羊背肉
佐蒜葉泥

Lamb loin of Sisteron, green garlic purée

在南法錫斯特龍地區以牧草飼育長大的小羊，風味別具一格。將羊肉塊直接放在鐵板上慢煎（以像要融化脂肪的感覺），一邊澆淋奶油一邊細心煎熟，以簡單方式呈現肉質的細緻感，最大限度地發揮出濃郁的香氣。

構成

小羊背肉 … 帶骨2根份
綠蘆筍
蒜葉泥
番茄乾哈里薩辣醬
檸檬風味小羊醬汁
鯷魚風味堅果奶酥

將小羊背肉的脂肪朝下，擺放在中溫的鐵板上，靜置不動地慢慢加熱。

加熱約5分鐘，等脂肪變鬆軟、表面變成鮮明的金黃色之後，依序將兩個切面稍微煎硬。

立起羊肉塊，將背骨側與肋骨的內側按壓在鐵板上，把表面稍微煎硬。

將銅鍋放在鐵板上，並在鍋內放入奶油、大蒜、百里香。

5

奶油冒泡之後，放入 **3**。

6

一邊煎，一邊將熱騰騰的奶油澆淋在羊肉上。而且每隔 3 ～ 4 分鐘就更換朝下的那一面。

7

澆淋奶油不僅可以從上面傳導熱能，還能讓奶油的香氣滲入羊肉裡面。

8

藉由羊肉的彈性來確認加熱的狀況（移入銅鍋大約 15 分鐘後）。撒上鹽、胡椒。

9

在羊肉快要煎好時，將綠蘆筍放在鐵板上，一邊滾動一邊煎，完成時以瓦斯噴槍炙烤出焦色。

以 2 種醬（蒜葉泥、番茄乾哈里薩辣醬）作為香辛佐料，讓客人享受味道的變化。醬汁是檸檬風味小羊醬汁。最後撒上堅果奶酥。

– 09 –

牛肉時雨煮烤飯糰的
高湯茶泡飯

*Simmerd beef, roasted rice ball
and dashi, "Ochazuke" style*

將小小的飯糰放在鐵板上烤，搭配應時當令的配料、高
湯做成茶泡飯。

構成

加入牛肉時雨煮的糙米飯糰
雞高湯
蔥白、茗荷、青紫蘇、紅蓼

– 10 –

守破離冰沙

Pre-dessert, SHUHARI granité

在甜點之前送上的小型冰品。使用與京都的松本酒造合
作推出的守破離ID591製成冰沙。上面點綴的配料是薄
荷拌天使音哈密瓜。

– 11 –

蜜桃梅爾芭

Peach Melba

以檸檬馬鞭草風味的糖煮白桃為主角，將各種不同的溫
度、口感和味道組合而成的蜜桃梅爾芭。搭配香氣十足
的堅果酥餅、香辣風味的冰淇淋等。

構成

糖煮白桃
堅果酥餅
法式香草布丁塔
香辣風味香草冰淇淋
杏仁瓦片
覆盆子醬汁

1

將圈模放在鐵板上，填入堅果酥餅的麵糊之後取下圈模，把兩面都煎成漂亮的金黃色。

2

將法式布丁塔和糖煮白桃放在鐵板上，在白桃上面撒一些紅糖，以瓦斯噴槍炙烤成焦糖。

3

將覆盆子、檸檬汁放入鐵鍋中，淋上櫻桃酒之後點火燃燒。

4

加入預先準備好的覆盆子醬汁，稍微煮一下。

作為白桃底座的堅果酥餅，為了便於在鐵板上烘烤，只用少量的麵糊讓焦糖榛果與堅果奶酥結合在一起。

– *12* –

小茶點與伴手禮盒

Petit-four

餐後搭配茶飲的小茶點是柚子軟糖和純黑岩石巧克力。「伴手禮盒」的內容是3種不同口味的可麗露，分別是酒粕、開心果與柚子。令人憶起愉快的用餐時光。

今日三種開胃小菜 *p.068*

【法式酥皮鴨肉派】

烘烤成直徑約3cm的圓筒狀、尺寸迷你的法式酥皮肉派。上面擺放酸黃瓜、芥末醬。

【油封梭子魚開面三明治】

梭子魚的魚片以鹽醃漬,再用低溫的橄欖油加熱。分切之後炙烤表面,然後放在切片的裸麥麵包上。上面擺放加了綠胡椒和粉紅胡椒的青醬。

【龍蝦鹹蛋糕】

拌入龍蝦的邊角肉烘烤而成的鹹蛋糕,上面擺放了白乳酪(拌入醋漬紅蔥頭和細香蔥)、芒果塔塔醬和胡蘿蔔花。

烤甜菜根與山羊乳酪佐柑橘油醋醬汁 *p.068*

1 在甜菜根灑上娜利普萊香艾酒之後用鋁箔紙包好,以180℃的烤箱烘烤大約1小時。切片之後,以柑橘油醋醬汁(生薑細末、蜂蜜、檸檬和萊姆的果汁與表皮、E.V.橄欖油)調拌。

2 將山羊乳酪(以牛奶調稀)盛盤之後,盛放 1。放上切成細長條的青蘋果、柑橘油醋醬汁、馬齒莧、花、松露。

海膽明蝦魚子醬馬鈴薯鬆餅 *p.069*

【布利尼薄餅麵糊】(混合材料)

全蛋 … 100g
壓濾成泥的水煮馬鈴薯 … 200g
酸奶油 … 56g
蕎麥粉 … 8g　低筋麵粉 … 8g
鹽 … 4g　泡打粉 … 3g
蔥白(切成小丁)

加利西亞風味章魚佐羅美斯科醬與西班牙香腸 *p.070*

【章魚的前置作業】

用鹽搓揉章魚(2kg)之後清洗乾淨。在鍋中裝滿水,放入章魚、昆布1片、大蒜2瓣、百里香4枝、迷迭香2枝、鹽,開火加熱,煮滾之後轉為小火,煮45分鐘。將章魚靜置在煮汁中放涼。取出切成一口大小。

【油封馬鈴薯】

把馬鈴薯(五月皇后品種)與大蒜、百里香、橄欖油一起做成真空包裝。然後以90℃的熱水隔水加熱大約1小時。拆開真空包裝,取出切成約1cm的厚度。

【羅美斯科醬】

番茄(切成½)… 2個
紅甜椒(切成½)… 1個
a｜洋蔥、胡蘿蔔、生薑
　｜　… 各10g
煙燻紅椒粉 … 3g
b｜雪莉酒醋 … 2g
　｜杏仁粉 … 10g
　｜E.V.橄欖油 … 適量
大蒜(磨成泥)… 適量　萊姆 … 適量

1 將番茄、紅甜椒以180℃的烤箱烘烤大約15分鐘。番茄壓濾成泥,紅甜椒細細切碎。

2 將 a 放入鍋中拌炒,不要炒到上色,加入煙燻紅椒粉之後炒2～3分鐘。加入 1,以小火煮到水分收乾為止。加入 b 之後以果汁機攪打。在要上菜之前,以大蒜、萊姆的表皮(刨碎)和汁液、鹽調味。

【西班牙香腸奶油醬】

將西班牙香腸(切成薄片)和洋蔥以小火充分拌炒,加入分量剛好蓋過食材的鮮奶油熬煮1小時,然後放入果汁機中攪打。

【綠莎莎醬】

將香藥草(義大利香芹、細葉香芹、龍蒿、細香蔥等)、檸檬皮、E.V.橄欖油放入果汁機中攪打,以鹽調味。

駿河灣海螯蝦與扇貝韃靼 *p.072*

【鹽麴Kanzuri辣椒醬】

將鹽麴、Kanzuri辣椒醬、大蒜(磨成泥)、E.V.橄欖油、檸檬汁混合。

【扶桑花凝凍】

a｜香檳醋 … 500g
　｜水 … 80g
細砂糖 … 80g
b｜紅紫蘇 … 300g
　｜扶桑花(乾燥)… 15g
洋菜、明膠片

1 將 a 混合之後煮滾,加入細砂糖溶勻。關火之後加入 b,蓋上鍋蓋燜蒸。待味道和香氣轉移之後過濾濾液。

2 取125g的 1 作為基底,加入洋菜2g、明膠片9g溶勻。在長方形深盤中倒入薄薄一層扶桑花液,使其冷卻凝固。上菜時以圈模壓出圓形的凝凍。

【扇貝韃靼】

將扇貝的貝柱迅速燙過後泡在冰水中,然後切成小丁。與夏季蔬菜丁(水煮毛豆、櫻桃蘿蔔、小黃瓜)混合之後,以鹽麴油醋醬汁(鹽麴、柑橘的果汁和表皮、E.V.橄欖油)調拌。使用圈模盛在盤中,上面擺放扶桑花凝凍,再以紫蘇花穗點綴。

【芫荽油】

E.V.橄欖油 … 1L
芫荽葉

將油的一半分量放在冰塊上面冰鎮。其餘的一半分量加熱至120℃之後,加入芫荽葉。稍微加熱之後,添加冰鎮過的油,然後倒入果汁機中攪打。存放在陰涼處2天。

馬賽魚湯 *p.074*

【馬賽魚湯的高湯】

各種磯魚 … 4kg
藍龍蝦的頭 … 10尾份
干邑白蘭地 … 750ml
白酒 … 3L

a	胡蘿蔔（切成小丁）… 90g
	洋蔥（切成小丁）… 90g
	西洋芹（切成小丁）… 90g
	茴香（切成小丁）… 90g

熟成的番茄（切成小丁）… 3kg
番茄糊 … 100g

b	八角 … 10個
	大茴香籽 … 1大匙
	芫荽籽 … 1大匙
	龍蒿 … 3盒
	月桂葉 … 6片　百里香 … 10枝

1 將各種磯魚切成大塊，放入烤箱中烤到稍微上色。
2 將油倒入大鍋中，煎龍蝦的頭，然後細細搗碎。以中火炒到汁液在鍋底形成焦垢。將干邑白蘭地分成3次加入，同時收乾汁液。將 1 加入鍋中。白酒也同樣分成數次加入鍋中一起煮。
3 取另一個鍋子，先拌炒 a。加入番茄之後，再稍微炒一下。
4 將 3、番茄糊加入 2 中，並視需要加入剛好蓋過食材的礦泉水，以大火煮滾。仔細地撈除浮沫，沒有浮沫之後轉為小火，加入 b 再煮40分鐘。
5 關火，靜置30分鐘之後以食品研磨器磨碎並過濾。再使用細孔的錐形過濾器過濾。

【番紅花煮茴香】

將茴香切成一口大小。把番紅花、茴香籽、蔬菜（茴香）清湯一起做成真空包裝，放入96℃的蒸氣旋風烤箱中加熱20分鐘。

【蒜泥蛋黃醬】

使用蛋黃、橄欖油製作美乃滋，加入蒜泥、檸檬汁調整味道。

南法錫斯特龍產
小羊背肉
佐蒜葉泥 *p.076*

【蒜葉泥】

以極少量的水蒸煮大蒜葉（100g），趁熱與少量的奶油一起放入果汁機中攪打成泥。

【番茄乾哈里薩辣醬】
（混合材料）

半乾番茄（以菜刀剁碎）
　… 20g
哈里薩辣醬 … 1大匙

【鯷魚風味堅果奶酥】

| a | 榛果（烤過）… 30g |
| | 杏仁（烤過）… 30g |

麵包粉（乾烤）… 20g
奶油 … 40g
鯷魚醬 … 1大匙
普羅旺斯橄欖醬* … 20g
檸檬皮（刨碎）… 1個

＊將黑橄欖、酸豆、鯷魚、橄欖油以果汁機混合打成泥。

【檸檬風味小羊醬汁】

小羊醬汁（jus d'agneau）… 50ml
砂糖 … 1大匙
檸檬汁 … 適量
奶油 … 適量

將砂糖和檸檬汁放入小鍋中，製作法式焦糖醋醬（gastrique）。加入小羊醬汁之後稍微煮乾水分，完成時加入奶油攪拌，增添光澤。最後以鹽、胡椒調味。

蜜桃梅爾芭 *p.078*

【堅果酥餅的麵糊】

低筋麵粉 … 200g
泡打粉 … 8g

a	細砂糖 … 15g
	全蛋 … 50g
	洋槐蜂蜜 … 8g
	牛奶 … 200g（＋淨水）

b	發酵奶油 … 400g
	紅糖 … 400g
	卡馬格鹽 … 7.5g
	杏仁粉 … 450g
	低筋麵粉 … 425g

焦糖榛果

1 將 a（混合在一起）加入粉類（過篩之後混合）中，靜置大約1小時。
2 將 b 攪拌成乾鬆的粗粒狀。以160℃的烤箱烘烤。
3 在要烘烤之前，將 1 取30g，2 取40g，焦糖榛果取30g，混合均勻之後填入圈模中。

【法式香草布丁塔】

a	牛奶 … 180g　全蛋 … 48g
	細砂糖 … 40g
	卡士達粉 … 20g
	玉米粉 … 4g

奶油 … 20g
櫻桃酒 … 20g

用 a 煮卡士達醬。加入奶油、櫻桃酒之後過濾。將35g的布丁塔糊填入直徑50mm的圈模中，放入180℃的烤箱中烘烤18～20分鐘。

【糖煮白桃】

白桃（去皮）

a	白酒 … 500g　淨水 … 500g
	細砂糖 … 150g
	海藻糖 … 50g
	檸檬汁 … 15g

新鮮的檸檬馬鞭草 … 2g

用 a 製作糖漿，加入檸檬馬鞭草使香氣轉移至糖漿中，過濾之後放涼。把糖漿與白桃一起做成真空包裝，以80℃加熱（根據硬度來醃製）。

蘆屋 Baycourt 俱樂部
飯店＆溫泉度假村「時宜 鐵板燒」
Ashiya Baycourt Club Hotel & Spa Resort "Zigi Teppanyaki"

兵庫・蘆屋

每月更換主題，藉此組合出新的故事，
回應常客的期待

在日本全國各地推出度假飯店，不斷積極拓展事業版圖的Resorttrust（株）。除了Baycourt俱樂部外，還擁有XIV、卡哈拉飯店＆度假村等品牌，旗下開設多間鐵板燒餐廳，不過最受歡迎的當屬蘆屋Baycourt俱樂部飯店＆溫泉度假村。飯店的地點位於高級住宅區旁的海灣，外觀仿造豪華客船建造而成，全部的房間皆為套房，完全採取會員制。

提供鐵板燒的是設在「日本料理 時宜」餐廳內的2組吧台座位，共16席。基本套餐的價格為1萬4,300日圓起跳，有4種套餐，而常客最喜歡點的是，適合慶祝場合的套餐3萬9,600日圓，以及每個月都有不同主題的「主廚的餐桌」5萬5,000日圓。「主廚的餐桌」套餐會提出一整年的行事曆，例如「7月／夏之味覺與世界三大珍味（松露、肥肝、魚子醬）」、「9月／秋之味覺與日本三大和牛（神戶、松阪、近江）」，菜單內容豪華絢爛。此外，10月則是推出一天限定一組客人，要價11萬日圓的特別版，由主廚小椋大助先生貼身服務，大展廚藝。聽說預約從10月份起就額滿了。

小椋先生表示：「想要讓在國內外吃慣美食的富裕階層感動，除了購入最頂極的食材之外，還要不斷追求烹調手法和服務的革新。」利用低溫烹調、炭火、鐵板分成三階段加熱的「OGURA」牛排，以及利用馬賽魚湯的作法製作的海鮮鐵板燒等，採用法式料理的技法也是其中一項革新。此外，發揮日本冰雕全國大會冠軍的本領，以冰雕呈現甜點，在投影片上繪圖之後鋪在下面的盤子上，並在客人離去時當作禮物等，對於料理之外的服務也費盡心思。

另外，這家公司平時就會對各家店的年輕員工進行動作指導，以及舉辦公司內部的鐵板燒競賽等，推行提升鐵板燒品質的計畫。

兵庫縣芦屋市海洋町14-1
0797-25-2222（總機）
baycourt.jp/ashiya

本月主廚的餐桌「法式鄉土料理與神戶牛肉」
Chef's table "French local cuisine & KOBE beef"

– 01 –

「夢幻魚子醬」、赤點石斑魚與蔬菜盤
佐香檳醬汁

Almas caviar, vegetables plate
& redspotted grouper, champagne sauce

– 02 –

燜煎肥肝
附驚奇松露

Pan-fried foie gras with surprise truffle

– 03 –

勃艮第紅酒燉牛肉
添加伯恩濟貧院紅酒的香氣

"Bœuf bourgignon" flavoured
Hospices de Beaune

– 04 –

馬賽魚湯，
使用瀨戶內海的海鮮

"Bouillabaisse"
–seafood from SETOUCHI Sea–

– 05 –

活藍龍蝦鐵板燒
佐美式龍蝦醬

Blue lobster TEPPANYAKI
with armorican sauce

– 06 –

蛋白霜冰沙

Meringue granite

– 07 –

白六瓣大蒜的香脆蒜片與
甜醬大蒜

Garlic chips, garlic confit
with balsamic sauce

– 08 –

「神戶牛肉最優秀獎牛」菲力鐵板燒與
沙朗OGURA牛排

KOBE beef 2 styles: fillet TEPPANYAKI,
sirloin "Ogura Steak"

– 09 –

加泰隆尼亞風味海鮮飯

Paella Catalane

– 10 –

自成一格可麗餅

Crêpe, ā ma façon

調理／小椋大助

日本京都府出身。曾於大阪日航飯店任職，之後歷任京都格蘭比亞飯店的法式料理和義式料理餐廳、「鐵板燒 五山望」的料理長。還曾擔任法國干邑地區「墨高餐廳」（Meukow）的料理長。2018年，就任「時宜 鐵板燒」的主廚。（一社）日本鐵板燒協會認證廚師。

食材展示
Presentation

在特製的板子上陳列當天要使用的各種食材，展示給客人看。除了當地神戶牛肉的「最優秀獎牛」、眼前瀨戶內海的新鮮魚貝之外，全是魚子醬、松露、肥肝這些正宗的高級食材。搭配有七色變化的LED照明燈和乾冰效果，令人對接下來的美食饗宴充滿期待。

經過低溫烹調的赤點石斑魚，味道清淡卻又鮮味十足。可以包容艾瑪斯魚子醬強烈且深濃的鮮味。

– 01 –

「夢幻魚子醬」
赤點石斑魚與蔬菜盤
佐香檳醬汁

Almas caviar, vegetables plate & redspotted grouper, champagne sauce

如黃金般閃閃發亮的艾瑪斯魚子醬，屬於特別珍貴的稀有品種。用它那高貴的鮮味揭開序幕，氣氛就會變得非常熱烈。首先直接吃一口，接著搭配赤點石斑魚，然後是赤點石斑魚＋蔬菜＋香檳醬汁。

構成
艾瑪斯魚子醬
赤點石斑魚
蔬菜盤
香檳醬汁

燜煎肥肝
附驚奇松露

Pan-fried foie gras with surprise truffle

肥肝事先以低溫烹調方式加熱,接著放在鐵板上煎到表面上色,再用鐵網和銅帽燜煎一下,直到裡面變熱為止。叩的一聲切開配菜的「驚奇松露」,便會有佩里格醬汁從裡面流洩而出,這樣的設計十分有趣。

構成

燜煎肥肝
驚奇松露
無花果泥
香料蛋糕
莧菜

將無花果泥和香料蛋糕盛盤,再放上煎好的肥肝。附上熱騰騰的驚奇松露、莧菜。

勃艮第紅酒燉牛肉
添加伯恩濟貧院紅酒的香氣

*"Bœuf bourgignon" flavoured
Hospices de Beaune*

將勃艮第地區的鄉土料理「紅酒燉牛肉」,以牛舌來製作。奢侈地使用飯店直接從知名釀酒廠採購的葡萄酒,花費6小時加熱,製作出柔軟的牛舌。這是一道從套餐的前半場開始就能品嘗到紅酒、香氣濃郁且口感溫和的肉料理。

構成

燉牛舌
伯恩濟貧院紅酒醬汁
馬鈴薯泥
葉菜類沙拉

將牛舌、馬鈴薯泥、醬汁鍋放在鐵板上加熱,並在客人面前盛盤。撒上艾斯佩雷辣椒粉突顯出香氣。

– 04 –

馬賽魚湯，使用瀨戶內海的海鮮

"Bouillabaisse" – seafood from SETOUCHI Sea –

將瀨戶內海捕獲的新鮮海鮮分別以鐵板煎過，然後放入馬賽魚湯的高湯中快速煮一下。各種海鮮的煎法與處理方式都很值得一看。在第三道料理上菜之後立刻開始烹調馬賽魚湯，讓客人一邊品嘗料理一邊欣賞鐵板上的表演。

構成

石狗公	活鮑魚
魴鮄	魚翅（預先煮熟）
明石鯛	馬賽魚湯的高湯
明石章魚	佛卡夏麵包脆片
大海瓜子	香藥草沙拉

將各種食材分別烹調完成之後，錯落有致地盛入盤中，附上塗有蒜泥蛋黃醬的佛卡夏麵包脆片和香藥草。

1

先把鐵網放在鐵板上，然後放上鮑魚，倒入少量的水，蓋上銅帽蒸大約30秒。接著從殼中取下鮑魚肉。

6

添加大蒜油，繼續煎。中途翻面一次。切成一半之後取出。

11

石狗公和魴鮄也一樣，一開始煎的時候要用壓肉器壓住。

2

將鮑魚肝朝下放在200℃的鐵板上。立刻用取下的鮑魚殼蓋住。

3

一邊煎鮑魚肝，一邊蒸鮑魚肉的狀態（大約30秒）。

4

拿掉蓋在上面的殼，一邊煎一邊以刀子切下鮑魚肝，將鮑魚肉和鮑魚肝都細細分切之後取出。

5

將海瓜子（已經開殼）和奶油放在鐵板上。接著從殼中取出海瓜子肉，放在已經融化的奶油上。

7

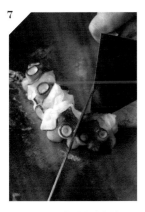

倒入大蒜油，放上生章魚的腳。稍微煎上色之後（大約40秒）翻面，迅速煎一下，分成4等分。

8

將魚翅放在鐵板上，煎到上色之後翻面繼續煎，然後切成一半。

9

將鯛魚的魚皮面朝下，放在鐵板上煎大約2分半鐘（為了避免魚皮彎曲，要先用壓肉器壓住，中途再拿掉），然後剝下魚皮。

10

將魚皮下面的魚肉再煎1分鐘，然後翻面。分切成4等分之後取出。將魚皮翻面之後淋上少量的油，放在低溫區慢慢煎。

12

魚皮面煎香之後翻面，將魚肉的部分稍微煎一下。

13

改將魚皮面朝下，切成4等分。在這個階段，稍微加熱一下即可（海鮮全都一樣，因為稍後會放入高湯裡煮）。

14

海鮮先撒點鹽預先調味。將裝有高湯的鍋子加熱之後，放入鮑魚殼、魚肉、海瓜子肉。把鮑魚肉放在表面。

15

高湯變熱之後取出鮑魚殼，加入章魚、魚翅。蓋上鍋蓋，煮滾之後關火，即可上菜。

活藍龍蝦鐵板燒
佐美式龍蝦醬

Blue lobster TEPPANYAKI with armorican sauce

將龍蝦的尾部做成鐵板燒，頭部和蝦臂則以炭火一邊煙燻蝦膏一邊烤，蝦螯煮過之後裹上麵糊油炸。依照不同的部位分別調理，配合完成的時間點，盡可能引出各部位的美味。添加布列塔尼地區傳統的美式龍蝦醬。

構成

活藍龍蝦（布列塔尼產）
　鐵板燒、炭烤、
　裹麵糊油炸
美式龍蝦醬
香藥草嫩葉沙拉
紅酒鹽

蝦螯在廚房裡裹上麵糊油炸。尾部和切半的頭部放在鐵板上稍微蒸過，尾部去殼之後，做成奶油燒料理。頭部放上煮過的蝦臂肉之後淋上 E.V. 橄欖油，以附有蓋子的炭鍋煙燻1分半鐘。

蛋白霜冰沙

Meringue granite

以壽司的「薑片」為構想製作而成的清口用冰沙。特色在於沒有使用生薑卻有生薑的風味，這是為了使神戶牛肉嘗起來更美味的特製料理。

將烤好的蛋白霜弄碎，與香藥草水混合之後冷凍起來，然後放入PACOJET冷凍粉碎調理器中打碎成冰品。刨下檸檬皮撒在上面。

1

將大蒜切片（先泡水再用紙巾擦乾水分）放在150～160℃的鐵板上。

2

加入大蒜分量3倍的紅花籽油，用煎鏟慢慢地拌炒。

3

將大蒜炒軟之後，取出一半放入小鍋中。稍後倒入在 **5** 瀝出的一半的油，放在鐵板的邊緣煮5分鐘左右，再以甜味醬汁調拌。

4

將剩下的一半分量繼續拌炒，炒到變成漂亮的金黃色。

5

在完全上色之前放入篩網中（以免餘溫會繼續加熱）。撒上鹽。

白六瓣大蒜的香脆蒜片與甜醬大蒜

Garlic chips, garlic confit with balsamic sauce

安排在主菜的肉料理之前提供的香脆蒜片，實際上是在套餐一開始，趁鐵板的溫度還很低的時候製作的。在大蒜上色之前先取出一半的分量，用甜味醬汁調拌就成了另一道下酒菜。

客人來店用餐時，廚師就會詢問其對於大蒜的喜好，斟酌要製作的分量。如果客人在套餐一開始就想享用的話，廚師也會因應其要求，不夠的話再重新製作。

「神戶牛肉最優秀獎牛」
菲力鐵板燒與
沙朗OGURA牛排

KOBE beef 2 styles : fillet TEPPANYAKI, sirloin "Ogura Steak"

將菲力仔細地以鐵板煎製，使其保持濕潤的口感。沙朗事先以
44℃的低溫烹調20分鐘，然後在客人面前用炭火炙烤到香氣
四溢。藉由兩種不同的烹調方式突顯牛肉不同部位的特性，讓
客人盡情享受和牛最頂極的鮮美、香氣和口感。

1

在菲力（厚2.5cm）的兩面撒一
點鹽和胡椒，放在已經倒入少量
大蒜油的鐵板（210～220℃）
上煎。

2

在煎了1分半～2分鐘時翻面，
另一面的煎製時間也相同，兩面
平均加熱。

3

將鐵籤插入沙朗（厚3cm）中，
兩面都撒點鹽和胡椒。在 **2** 翻
面的時候，將沙朗放入炭鍋中，
蓋上銅帽煙燻30秒。

4

掀開銅帽，將肉翻面。再次蓋上
銅帽，煙燻30秒。

5

將兩種肉放在鐵網上，拔出插入
沙朗中的鐵籤。

6

蓋上銅帽，放在鐵板的低溫區靜
置。視牛肉的狀態調整煎製的時
間，大約是2～3分鐘。

7

將吐司薄片以壓模壓出圓形，放
在盤中。一旁附上皮朗克海鹽、
八割黑胡椒、洋蔥切片。

8

將兩種肉都放在鐵板的高溫區迅
速加熱一下之後，再移回低溫區
分切。盛放在吐司的上面。

構成

神戶牛肉菲力 … 40g

神戶牛肉沙朗 … 40g

皮朗克海鹽

八割黑胡椒*

洋蔥切片

吐司和山藥的三明治

各種香辛佐料

＊將整粒黑胡椒切成8等分
　後搗碎成粗粒。

將菲力、沙朗一起盛放在盤
中。另外附上的香辛佐料有
酸橘醋、山葵泥、大蒜醬油
和青辣椒味噌。

9

牛肉吃完之後，將吸了肉汁的吐
司收回來，放在鐵板上烤。夾入
山藥和芝麻醬之後對摺。

將墊在肉底下的吐司拿回來烤，
正是鐵板燒的經典品項。將肉汁
的香氣搭配山藥清脆的口感一起
享用。

香辛佐料有細香蔥、酢橘、鹽漬鮭魚卵和香脆蒜片。香脆蒜片是以茶泡飯使用的配料霰餅為構想。

加泰隆尼亞風味海鮮飯

Paella Catalane

以北加泰隆尼亞為構想，用卡馬格米和卡馬格鹽製作的石鍋海鮮飯。取出一部分的飯在鐵板上製成鍋巴薄餅。推薦的吃法有①直接吃，②加入香辛佐料之後享用，③加入香脆蒜片之後做成茶泡飯，④依個人喜歡的吃法享用等。

構 成

西班牙海鮮飯
鍋巴薄餅
茶泡飯高湯
香辛佐料和香脆蒜片

自成一格可麗餅

Crêpe, à ma façon

在客人的面前煎好可麗餅，當場組裝成蛋糕的形式。這個設計是當客人取下圍邊的透明片時，軟綿的慕斯就會流洩而出，形成半球狀。

可麗餅的餅皮是以放在鐵板上的可麗餅平底鍋煎烤而成。分量好像很多，但口感軟綿的慕斯讓這道甜點吃起來輕盈無負擔。

構 成

草莓香蕉可麗餅
草莓慕斯
白乳酪慕斯
卡士達醬
巧克力醬汁
草莓脆片和草莓粉
薄荷
金箔

「夢幻魚子醬」、赤點石斑魚與蔬菜盤佐香檳醬汁 *p.084*

【赤點石斑魚與蔬菜盤】

赤點石斑魚
根菜類（紅心蘿蔔、黃色和紫色胡蘿蔔、
　　大理石紋甜菜根等）
葉菜類、食用花卉、蒔蘿的花
雪莉酒油醋醬汁
四季橘油醋醬汁

1　將赤點石斑魚分切之後，切成一口大小
　的魚片，稍微撒點鹽，然後做成真空包
　裝。以52℃的熱水隔水加熱8分鐘。
2　根菜的切片以雪莉酒油醋醬汁調拌，葉
　菜類則以四季橘風味的油醋醬汁調拌。
3　擺盤時要呈現出繽紛的色彩。

【香檳醬汁】

紅蔥頭（切成碎末）… 150g
a｜香檳 … 500ml
　｜月桂葉 … 1片
　｜百里香 … 1枝
魚高湯 … 500ml
鮮奶油（乳脂肪含量38%）… 1L
奶油、檸檬汁

紅蔥頭撒上鹽，用奶油去炒。加入 a
之後煮乾水分，再加入魚高湯，繼續煮
至水分收乾。加入鮮奶油、奶油之後煮
乾水分，然後以檸檬汁調整味道。

燜煎肥肝
附驚奇松露 *p.085*

【肥肝的前置作業】

肥肝 … 1kg
a｜鹽 … 10g
　｜胡椒 … 2g
　｜細砂糖 … 2g
　｜白波特酒 … 60ml
　｜干邑白蘭地 … 30ml

將肥肝與 a 一起做成真空包裝，再以
44℃的熱水隔水加熱15分鐘。

【佩里格醬汁】

a｜紅寶石波特酒 … 300ml
　｜馬德拉酒 … 200ml
松露（切成碎末）… 30g
干邑白蘭地 … 50ml
煮乾水分的小牛高湯 … 600ml
奶油 … 適量
鹽、胡椒

1　將 a 煮乾水分直到剩下 ⅕ 的量。
2　用奶油炒松露，加入干邑白蘭地。然後
　加入 1、小牛高湯，煮乾水分，接著加
　入奶油攪拌，增添光澤。

【驚奇松露】

佩里格醬汁
雞肉慕斯（雞胸肉、蛋白、鹽）
a｜低筋麵粉、全蛋、松露麵包粉

1　將佩里格醬汁倒入松露造型的矽膠模具
　中，然後放進冷凍室。
2　脫模之後，塗滿薄薄一層雞肉慕斯，然
　後放進冷凍室。
3　依序沾裹 a，放入180℃的油中炸。上
　菜時，以130℃的烤箱加熱10分鐘。

【無花果泥】

無花果以奶油煎過之後倒入果汁機中攪
打，然後過濾。

勃艮第紅酒燉牛肉
添加伯恩濟貧院紅酒的香氣
p.085

【燉牛舌】

牛舌
a｜紅酒
　｜（伯恩濟貧院葡萄酒）… 1.5L
　｜洋蔥、胡蘿蔔、西洋芹、
　｜大蒜、百里香、月桂葉
　｜… 各適量
小牛高湯 … 2L
低筋麵粉、鹽、胡椒

1　牛舌以其重量0.9%的鹽搓揉。與 a 一
　起做成真空包裝，醃漬一個晚上。
2　取出牛舌，沾裹上低筋麵粉，以平底鍋
　煎到上色。
3　將 1 剩餘的材料取出，加熱至酒精蒸發
　之後倒入小牛高湯。加入 2，以90℃的
　蒸氣旋風烤箱加熱6小時。
4　取出牛舌，煮汁過濾之後調整味道。將
　牛舌放回煮汁中，靜置一個晚上。

【伯恩濟貧院紅酒醬汁】

紅酒（伯恩濟貧院葡萄酒）… 500ml
紅酒醋 … 50ml
a｜紅寶石波特酒 … 200ml
　｜馬德拉酒 … 100ml
牛舌煮汁 … 500ml
鹽、胡椒

1　將紅酒醋煮至水分收乾，加入 a，煮乾
　水分直到剩下 ⅓ 的量，然後加入紅酒，
　煮乾水分直到剩下 ⅓ 的量。
2　將牛舌煮汁煮乾水分直到剩下300ml，
　與 1 混合之後煮至水分收乾，然後調
　整味道。

【馬鈴薯泥】

將馬鈴薯煮過之後做成粉吹芋，然後過
濾成泥狀。加入牛奶和奶油混合，再以
鹽、胡椒調整味道。

馬賽魚湯，
使用瀨戶內海的海鮮 *p.086*

【魚翅的前置作業】

將魚翅（已經泡發）蒸過，去除腥味之後，加入酒、生薑、長蔥一起煮。

【馬賽魚湯的高湯】

魚雜 … 1kg
大蒜 … 3瓣

a | 洋蔥（切成小丁）… 1個
　 | 胡蘿蔔（切成小丁）… ½根
　 | 西洋芹（切成小丁）… 2根
　 | 茴香（切成小丁）… ½株

b | 番茄 … 2個
　 | 整顆番茄（罐頭）… 200g
　 | 月桂葉 … 2片
　 | 百里香 … 2枝
　 | 白酒 … 300ml
　 | Pastis茴香酒 … 100ml

加水稀釋熬煮過的美式龍蝦醬 … 2L
番紅花 … 適量
E.V.橄欖油

1 將魚雜放入烤箱中（以200℃烤15分鐘＋以130℃烤30分鐘）烤乾。
2 將橄欖油和大蒜放入大鍋中加熱，加入 a 一起拌炒。冒出香氣之後，加入 1、b 和加水稀釋熬煮過的美式龍蝦醬，以大火一口氣煮滾。撈除浮沫，轉小火煮15分鐘左右，然後以錐形過濾器過濾。
3 將 2 煮乾水分直到剩下一半的量。以番紅花、鹽、胡椒、E.V.橄欖油調整味道。將魚湯過濾。

【佛卡夏麵包脆片】

將用牛奶煮過的大蒜、蛋黃、芥末醬、白酒醋、E.V.橄欖油放入果汁機中，以高速攪拌，製作成蒜泥蛋黃醬。將蒜泥蛋黃醬塗在烤過的佛卡夏麵包片上。

活藍龍蝦鐵板燒
佐美式龍蝦醬 *p.088*

【美式龍蝦醬】

藍龍蝦（切成大塊）… 2kg
大蒜 … 2瓣
干邑白蘭地 … 50ml

a | 洋蔥（切成小丁）… ½個
　 | 胡蘿蔔（切成小丁）… ⅓根
　 | 西洋芹（切成小丁）… 1根

番茄糊 … 50ml
白酒 … 100ml

b | 月桂葉、龍蒿、百里香
　 | 番茄（切碎）… 1個
　 | 水 … 2L

橄欖油

1 將大蒜炒香，讓香氣轉移至橄欖油後，放入龍蝦拌炒。
2 鍋底出現焦色之後，倒入干邑白蘭地並點火燃燒。加入 a 繼續炒，然後加入番茄糊混合。倒入白酒，溶解黏在鍋底的鮮味成分，加入 b 之後煮大約20分鐘。
3 以錐形過濾器過濾之後，一邊調整味道一邊煮乾水分。

【龍蝦的螯】

藍龍蝦的螯

a | 蛋黃 … 2個
　 | 低筋麵粉 … 100g
　 | 氣泡水 … 100ml
　 | 沙拉油 … 15ml
　 | 鹽 … 少量

b | 蛋白 … 2個份
　 | 鹽 … 少量

龍蒿、細葉香芹

1 將 a 混合，放在冷藏室靜置30分鐘。將 b 打發起泡，與之前的麵糊混合之後，加入切碎的香藥草。
2 將 1 裹在水煮的龍蝦螯上，下鍋油炸。

蛋白霜冰沙 *p.088*

【冰沙】

a | 蛋白 … 400g
　 | 細砂糖 … 800g

蘭姆酒 … 適量

b | 水 … 2L
　 | 迷迭香 … 2枝
　 | 薄荷葉 … 8片
　 | 檸檬香茅 … 4片

1 以 a 製作蛋白霜，加入蘭姆酒攪拌。攤平在矽膠烘焙墊上，以140℃的烤箱烘烤40～60分鐘。然後用食物調理機打成粉末。
2 用 b 泡成香藥草茶，靜置10分鐘之後用紙過濾，放涼。
3 將 1 和 2 在PACOJET的鋼杯中混合之後放進冷凍室，然後取出用機器打碎成冰沙。

白六瓣大蒜的香脆蒜片與
甜醬大蒜 *p.089*

【甜味醬汁】

味醂 … 400ml
砂糖 … 50g
溜醬油 … 200ml
濃口醬油 … 50ml
大蒜（切片）… 150g
巴薩米克醋 … 10ml
昆布 … 20cm方形1片

將味醂加熱使酒精蒸發之後，與其他材料混合，以極小火熬煮3小時。取出昆布，倒入果汁機中以高速攪打，放涼。放在冷藏室中靜置一個晚上以上，使味道融合。

「神戶牛肉最優秀獎牛」菲力鐵板燒與沙朗OGURA牛排 *p.090*

【酸橘醋】

醬油 … 1L
味醂 … 300ml
柑橘果汁（柚子2：臭橙1：酢橘1）
　 … 200ml
柴魚片 … 3把
昆布 … 15g
釀造醋 … 200ml

【大蒜醬油】

濃口醬油 … 1.5L
味醂（加熱使酒精蒸發）… 360ml
大蒜（切片）… 100g
洋蔥（切片）… 100g
牛肉高湯（Jus de bœuf）… 1L

【青辣椒味噌】

a | 米味噌（紅）… 100g
　 | 砂糖 … 20g
　 | 長蔥（烘烤後切成碎末）… 5g
　 | 青辣椒（切成碎末）… 5g
　 | 柴魚片 … 1把
　 | 白芝麻 … 5g

b | 蘿蔔、小黃瓜、鴻喜菇、
　 | 蕨菜、生薑（鹽漬）
　 | … 各5g
　 | 辣椒 … 5g
　 | 米味噌（白）… 100g
　 | 砂糖 … 10g
　 | 醬油 … 30ml
　 | 酒粕 … 10g
　 | 鹽 … 3g

將 a 混合在一起，與用 b 製成的南蠻諸味味噌，以10比3的比例混合。

【芝麻醬】

白芝麻醬 … 100g
濃口醬油 … 75ml
黍砂糖 … 5g
神戶牛肉清湯 … 20ml

加泰隆尼亞風味海鮮飯 *p.092*

【西班牙海鮮飯】

貽貝 … 4個
a | 紅蔥頭（切成碎末）… 5g
　 | 白酒 … 5ml
　 | 貝類高湯 … 5ml
b | 洋蔥（切成碎末）… 35g
　 | 大蒜（切成碎末）… 9g
豬肩里肌肉（1cm小丁）… 100g
雞腿肉（1cm小丁）… 50g
西班牙香腸（1cm小丁）… 30g
長槍烏賊（切成圈狀）… 200g
c | 番茄 … 50g
　 | 艾斯佩雷辣椒粉 … 適量
　 | 甜椒（紅、黃、綠／切成細長條）
　 | … 各 ⅓ 個
紅腳蝦 … 4尾
d | 白酒 … 75ml
　 | 月桂葉 … ½ 片
e | 卡馬格鹽 … 少量
　 | 番紅花 … 適量
　 | 雞高湯 … 250ml
卡馬格米 … 200g
梭子蟹（蒸熟後剝散的蟹肉）… 1隻
豌豆（水煮）

1 以 a 加熱貽貝。開殼之後取出。拌炒 b，加入豬肩里肌肉、雞腿肉、西班牙香腸、長槍烏賊之後，撒上鹽、胡椒。加入 c 繼續拌炒，先將甜椒取出。
2 加入紅腳蝦和 d，讓酒精蒸發之後，加入 e 和 1 的汁液。煮滾之後取出海鮮。
3 加入米，以大火炊煮5分鐘左右，轉為小火炊煮大約12分鐘就完成了。加入梭子蟹肉混拌。
4 將 3 放入已經加熱至230℃的石鍋中，然後盛入貽貝、2 的海鮮和 1 的甜椒與豌豆。

【茶泡飯高湯】

白高湯 … 600ml
鹽 … 少量
味醂 … 適量
薄口醬油 … 適量

自成一格可麗餅 *p.092*

【可麗餅餅皮】

a | 全蛋 … 2個
　 | 上白糖 … 35g
低筋麵粉 … 75g
牛奶 … 250ml
奶油 … 15g

1 將 a 研磨攪拌之後，依序加入低筋麵粉、牛奶混合。
2 將奶油加熱，煮焦之後加入 1 中混合攪拌，然後靜置30分鐘。
3 將奶油（分量外）放入平底鍋中加熱融化之後，倒入薄薄一層的 2，把兩面都煎過。

【組裝】（省略作法）

可麗餅餅皮
a | 草莓切片
　 | 香蕉切片
b | 卡士達醬
　 | 巧克力醬汁
c | 草莓慕斯
　 | 白乳酪慕斯
d | 草莓脆片
　 | 草莓粉
薄荷
金箔

1 將可麗餅餅皮鋪在半球形模具裡，填滿 a 和 b 之後摺起餅皮，做成半球狀。
2 將 1 盛入盤中，以透明片圍成圓筒狀。
3 將 c 依序擠入透明片的內部，放上 d 之後以薄荷、金箔點綴。

琥 千房　虎之門

Kohaku Chibo Toranomon

東京・虎之門

因應飲食的多樣性，
以取自植物的食材構成的套餐

大阪燒店「千房」的店名，據說是仿效豐臣秀吉的馬印「千成葫蘆」的寓意來命名的。自從1973年在大阪的千日前開業以來，如今包含加盟店在內，千房已成為在日本國內外展店77家的一家大型連鎖店。

千房的料理分3個等級，分別是傳統的「基本風格（Basic Style）」、有豐富原創鐵板料理的「高雅（Elegance）」風格，以及屬於高檔頂級牛排館的「領袖（President）」風格，而進駐於2020年開幕的虎之門之丘商務大樓的「琥 千房虎之門」，屬於「領袖」等級的旗艦店。店內有反L型的鐵板吧台座位8席，以及半圓形鐵板的包廂6席，藉由單一的冷色系統合室內設計。

在晚餐的3種套餐中，特別引人注目的是，價格居中的玻璃套餐1萬8,500日圓。這是鐵板燒店當中仍屬少見的蔬食套餐。蔬菜全部使用有機蔬菜，乳製品則以豆漿和純素乳酪替代，不使用蛋。用鐵板香煎或燜蒸的料理，以及先在廚房做好，

再移到客席完成的冷製慕斯等，讓不同的料理交織出現。在千房的料理中絕對不能少的大阪燒，在沒有使用蛋的情況下要如何做出接近原本的口感呢？經過不斷地試做改良，最後選用的是黃豆粉和山芋粉。那就是招牌料理「蔬菜大阪燒」。店長原敬規先生表示：「因為店內的同一塊鐵板也會用來煎肉，所以很難符合宗教上的嚴格規定，但是對於較為寬鬆的蔬食者，或是雖然也愛吃肉，但是今天決定要吃素食套餐的常客來說，這道料理很受他們的歡迎。」在新型冠狀病毒的疫情結束之後，很期待外國觀光客的到來。

雖然同一家公司中僅有「琥」這家店提供蔬菜大阪燒，但是千房有冷凍食品部門，可以透過網路訂購無麩質的大阪燒。此外，千房還與marukome公司合作，在台灣販售使用黃豆粉和米麴甘酒製作的水果大阪燒等，致力於研發健康取向的商品。現在已經不再是鐵板燒＝肉，麵食＝量多且味濃的時代了。

東京都港区虎ノ門1-17-1
虎ノ門ヒルズ ビジネスタワー 3F
03-6457-9740
www.chibo.com

玻璃套餐 for Vegetarian
Vegetarian course

– 01 –

番茄雪酪佐紅甜椒冷湯
Tomato sorbet with cold red-bell-pepper soup

– 02 –

在客人面前完成的繽紛有機蔬菜盤
Assorted organic vegetables

– 03 –

煙燻當季有機蔬菜
Light smoked seasonal vegetables

– 04 –

琥蔬菜百匯
Grilled vegetable parfait style

– 05 –

有機蔬菜雙色湯
Organic vegetable soup

– 06 –

馬鈴薯與番茄的美妙結合
Pâte-brick: potato and tomato

– 07 –

八朔柑橘冰沙
HASSAKU orange granita

– 08 –

法塔烹調紙包當季蔬菜
Carta-fata: organic vegetables

– 09 –

蔬菜大阪燒
Vegetable OKONOMIYAKI

– 10 –

芒果布丁
Mango pudding

– 11 –

焦糖無花果
Caramerised figs

– 12 –

小茶點
Tea cakes

調理／原 敬規

日本廣島縣出身。曾經在東京的日本料理店工作，2005年進入千房（株）任職。在大阪的3家店累積經驗後，擔任東京廣尾店和惠比壽店的店長。2020年6月，從「琥 千房　虎之門」開業之初便擔任店長。

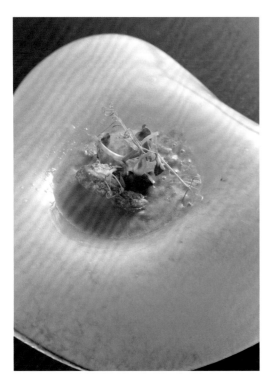

一邊攪拌口感清脆的冰番茄一邊享用，冷湯的味道就會產生變化。添加番茄脆片代替麵包丁。

番茄雪酪
佐紅甜椒冷湯

Tomato sorbet with cold red-bell-pepper soup

第一道是使用精選的 1 ～ 2 種蔬菜完成的極簡料理，例如「烤洋蔥＋洋蔥泥」、「茼蒿泥與庫斯庫斯＋番茄慕斯」等。

構成

紅甜椒冷湯
番茄雪酪
番茄脆片
碗豆苗

番茄以熱水汆燙去皮之後，整顆冷凍起來，然後在客人面前刨碎。

在客人面前完成的
繽紛有機蔬菜盤

Assorted organic vegetables

將油封蔬菜、醃漬蔬菜、葉菜類沙拉先在廚房準備好，盛盤之後，在鐵板上完成最後一道工序。先在鐵板上墊一塊木板，然後放上砧板，讓客人從切蔬菜的部分開始觀看。蓋上銅帽之後燜煎，再以刀子分切。

構成

以鐵板燜煎、油封、醃漬的
　各種蔬菜
葉菜類沙拉
甜菜根泥
番茄沙拉淋醬

使用甜菜根、黑胡蘿蔔、黑‧紅皮蘿蔔、香菇等 10 種以上的蔬菜。醃漬蔬菜是以不甜的高湯醋醃漬而成。

煙燻當季有機蔬菜

Light smoked seasonal vegetables

在用鐵板煎蔬菜這個相同的工序裡，要如何增添一點變
化呢？——店家採用的方法是，將當天進貨的蔬菜擺在
籃子裡展示出來，讓客人依自己的喜好挑選。上菜時盛
裝在設有機關的蒸籠裡，只要一打開蓋子，燻製蔬菜的
煙就會往上冒。

構 成

以鐵板燜煎的各種蔬菜
蘿蔔泥
煙燻鹽、透明醬油

1

將各種蔬菜展示給客人看，讓其
挑選。雖然沒有限制可挑選的種
類數量，不過平均是 4～5 種。

2

從洋蔥等需要較長時間烹調的蔬
菜開始放在鐵板上煎，倒入水下去
之後蓋上銅帽，燜煎蔬菜。

3

將已經變熱的煙燻櫻桃木放入方
形蒸籠的下層，然後將上層疊放
上去。

4

燜煎的過程中將蔬菜翻面一次，
兩面都煎出漂亮的焦色之後，切
成容易入口的大小，撒一點鹽。
盛裝在方形蒸籠的上層。

洋蔥、茄子、甘長辣椒、櫻桃蘿蔔。看起來像水一樣透明的東
西，其實是醬油，這點也令人感到意外。

將慕斯盛裝在容器中，然後以各種蔬菜脆片和蔬菜嫩葉裝飾點綴。也可以用地瓜或茄子加以變化。

– 04 –

琥蔬菜百匯

Grilled vegetable parfait style

即使是百匯料理，也只使用蔬菜製作，而且還是熱食，就是為了給客人意外的驚喜。除了蔬食套餐之外，以同樣的作法添加肥肝鐵板燒，是最受歡迎的料理。

構成

胡蘿蔔慕斯
各種蔬菜脆片
蔬菜嫩葉

將胡蘿蔔慕斯裝入小鍋中，以鐵板加熱。

以豆漿為湯底的豌豆湯，和以蔬菜清湯為湯底的新洋蔥湯。不論是冷湯還是熱湯都能提供。

– 05 –

有機蔬菜雙色湯

Organic vegetable soup

不使用鐵板製作的料理，藉由完成時的動作來吸引客人的目光。同時倒入2種湯卻不會混合在一起，也有人當場拍下這段畫面。除此之外，也可以用胡蘿蔔＆蕪菁、南瓜＆番茄、馬鈴薯＆甜椒等組合來製作。

構成

豌豆湯
新洋蔥湯

在客人面前，謹慎地將2種湯同時倒入盤中。

– 06 –

馬鈴薯與番茄的美妙結合

Pâte-brick: potato and tomato

在接連端出味道溫潤的料理之後，加入口感酥脆與味道較濃郁的一道料理。以法式春捲皮包住濃縮了鮮味的番茄醬汁，放在鐵板上以半煎炸的方式完成。

煎好之後用煎鏟壓住，以另一支煎鏟從近身處往前滑，斜斜地分切開來。

構成

法式春捲皮
番茄醬汁
多菲內焗烤馬鈴薯
蔬菜嫩葉

1

將番茄醬汁塗在法式春捲皮上，然後捲成圓筒狀。先暫時放進冷凍室，讓它變緊實。

2

用略多的 E.V. 橄欖油煎 3 分鐘左右，不時翻動春捲改變接觸鐵板的面，去除油分再煎約 2 分鐘。

3

將用豆漿煮好的馬鈴薯放在鐵板上加熱。上面擺放純素乳酪，然後以瓦斯噴槍炙烤表面。

– 07 –

八朔柑橘冰沙

HASSAKU citrus granita

清口固定是使用水果冰沙，除了八朔柑橘，還會使用血橙、檸檬、萊姆、蘋果等水果來製作。有時也會提供羅勒冰淇淋。

用湯匙刮下冰沙，盛在七寶紋的江戶切子玻璃器皿裡。

– 08 –

法塔烹調紙包當季蔬菜

Carta-fata: organic vegetables

將切好的蔬菜、蔬菜清湯和E.V.橄欖油放入耐熱的法塔烹調紙（Carta Fata）中，密閉加熱。看著蔬菜包加熱時漸漸膨脹起來的樣子很有趣。

構成

各種蔬菜
蔬菜清湯
松露油
松露

開封之後淋上松露油，刨下松露碎屑撒上，完成香氣四溢的料理。蔬菜的種類會隨著季節更換。

– 09 –

蔬菜大阪燒

Vegetable OKONOMIYAKI

作為套餐尾聲的餐點，可以選擇大阪燒或是義式燉飯。蔬食套餐提供的大阪燒是以黃豆粉和山芋粉製成麵糊，當然不使用蛋和肉。從上菜的時間點往回推算，要花大約15分鐘煎製。

1 將麵糊和高麗菜混合。高麗菜切得碎碎的，就很容易混拌均勻。

2 將E.V.橄欖油倒在鐵板（200℃）上，然後倒入高麗菜麵糊。整成直徑約11cm，一人份的大小。

3 煎大約3分鐘之後翻面，用煎鏟按壓修整邊緣的形狀。

4 透過煎鏟去感覺加熱的狀態。

5 為了讓大阪燒內部也充分加熱，總共翻面4次之後就完成了。

6 淋上大阪燒醬汁和沒有用蛋製作的美乃滋。青海苔堅持使用香氣獨特、四萬十川生產的產品。

附上葉菜類沙拉之後上菜。與一般
大阪燒的味道不同，黃豆的風味別
具特色。

芒果布丁

Mango pudding

沒有使用蛋，簡單地發揮日本國產芒果的特色製作而成的布丁。將宮崎縣生產的頂級熟成芒果「太陽蛋」切片之後，附在一旁。

與芒果入口即化的口感近乎相同的布丁也很柔嫩。加入蜂蜜熬煮的番茄果醬具有畫龍點睛的效果。

小茶點

Tea cakes

將紅豆餡與植物性鮮奶油、肉桂粉混合，在中心放入切成小丁的白桃包起來揉圓之後，以求肥餅皮包成一口大小的大福。

千房獨創，以大阪燒專用的小煎鏟盛盤。

焦糖無花果

Caramerised figs

在冷製甜點之後，第二盤端出的是溫熱的甜點。用湯匙舀起糖漿之後高舉湯匙晃動，瞬間拉出線狀的糖絲，藉由這樣的表演，讓客人直到套餐的最後都不會感到無聊。

1

將沾滿細砂糖的無花果放在鐵板上煎香。

2

用湯匙裹滿熱騰騰的愛素糖（Palatinit），然後從高的位置撒下來，製作糖絲。

用雙手包覆凝固成線狀的糖絲整理成團，然後與無花果一起盛盤。

番茄雪酪
佐紅甜椒冷湯 *p.098*

【紅甜椒冷湯】

紅甜椒切片之後，以 E.V. 橄欖油炒到變軟。放入果汁機中攪打之後過濾，用植物性鮮奶油和水調整濃度，放在冷藏室中冷卻。

在客人面前完成的
繽紛有機蔬菜盤 *p.098*

【油封蔬菜】

蔬菜切成適當的大小，放入保持80℃的 E.V. 橄欖油中，加熱大約5小時。然後連同油一起冷藏保存。同樣的油封方法也可用於加入大蒜的食物，或是加入澄清奶油的食物。

【番茄沙拉淋醬】

將番茄、鹽、紅酒醋、E.V. 橄欖油以果汁機攪拌而成。

琥蔬菜百匯 *p.100*

【胡蘿蔔慕斯】

洋蔥（切片）… 100g
胡蘿蔔（切片）… 2根
水 … 適量
豆漿 … 少量

用 E.V. 橄欖油炒到洋蔥變軟為止，然後加入胡蘿蔔稍微炒一下。加入剛好蓋過食材的水，煮到變軟為止，然後倒入果汁機中攪打。過濾之後加入豆漿，再以鹽調味。

有機蔬菜雙色湯 *p.100*

【蔬菜清湯】

取出洋蔥300g、胡蘿蔔300g、西洋芹150g、韭蔥1根分別切片，將大蒜（壓碎）4瓣、番茄1個、白酒300ml、水6L放入鍋中煮滾，撈除浮沫之後，加入月桂葉、新鮮香草束、岩鹽、白胡椒粒，以小火煮30～40分鐘。過濾之後急速冷卻。這個蔬菜清湯也用來製作p.102的法塔烹調紙包當季蔬菜。

【豌豆湯】

將豌豆放入加了鹽的熱水中煮到變軟為止，以篩網壓濾成泥，然後與豆漿一起放入果汁機中攪拌混合。以鹽調整味道之後，放在冷藏室中冷卻。

【新洋蔥湯】

新洋蔥切片，以 E.V. 橄欖油炒到變軟為止，然後加入蔬菜清湯烹煮。倒入果汁機中攪打，過濾之後以豆漿和鹽調整味道，放在冷藏室中冷卻。

馬鈴薯與番茄的
美妙結合 *p.101*

【番茄醬汁】

用 E.V. 橄欖油炒大蒜碎末，然後加入洋蔥碎末炒到變軟為止。加入整顆番茄罐頭一起煮，再加入羅勒。最後用鹽調整味道。

【多菲內焗烤馬鈴薯】

用 E.V. 橄欖油炒大蒜碎末，然後加入切成2cm大小的馬鈴薯（「印加的覺醒」品種）稍微炒一下，再倒入豆漿烹煮。最後以鹽、胡椒調整味道。

八朔柑橘冰沙 *p.101*

【八朔柑橘冰沙】

a | 水 … 400ml
細砂糖 … 300g
b | 八朔柑橘果汁 … 50ml
八朔柑橘果肉（剝碎）… 5g

將 a 倒入鍋中煮滾之後放涼。加入 b 混合攪拌，然後放進冷凍室。

蔬菜大阪燒 *p.102*

【蔬菜大阪燒的麵糊】

黃豆粉 … 30g
山芋粉 … 10g
鹽 … 適量
E.V. 橄欖油 … 20g
高麗菜（細細切碎）… 100g

芒果布丁 *p.104*

【芒果布丁】

a | 芒果（日本國產／切片）… 500g
細砂糖 … 25g
寒天製劑（Le Kanten Ultra）… 25g

將 a 加熱至細砂糖融化之後，倒入果汁機中攪打。接著加入寒天製劑，放入冷藏室中冷卻凝固。

【番茄果醬】

a | 番茄（用熱水汆燙去皮之後切碎）… 2kg
細砂糖 … 50g
b | 蜂蜜 … 100g
寒天製劑（Le Kanten Ultra）… 30g

將 a 稍微煮過之後倒入果汁機中攪打，加入 b 使其完全溶勻，然後放入冷藏室中冷卻。

Part 3
創意鐵板料理！

除了大阪燒之外，在法式料理、西班牙料理等其他類型的料理當中，「鐵板」也是相當受到矚目的項目。價格親民的鐵板燒、鐵板居酒屋也越來越多。以下將介紹幾家致力於拓展鐵板料理可能性的店家，包括它們的經營概念與創意十足的菜單。

Plancha ZURRIOLA
プランチャ スリオラ
東京・虎之門

西班牙鐵板燒
以食材為主而深具魅力

在歐洲修業時期的最後4年，全心吸收西班牙飲食文化的本多先生。

　　這是獲得米其林2星肯定的西班牙料理餐廳「ZURRIOLA」的休閒餐飲型態的2號店。這家店位於虎之門之丘內，周邊有許多頗具個性的店鋪，連成「虎之門橫丁」。

　　店名「Plancha」在西班牙文中是鐵板的意思。在西班牙，「鐵板」是餐廳廚房內的基本設備，「a la plancha（鐵板燒）」是飲食文化的一種。特別是以新鮮的海鮮自豪的地區，在當地的酒吧和餐館經常可見到鐵板燒料理。

　　店主兼主廚的本多誠一先生，他的目標是把西班牙的鐵板燒文化，與日本上等的海鮮類和肉類、日式鐵板燒吧台融合在一起。「在美食餐廳工作了10年的最大收穫，就是認識了日本最高等級的食材。」希望可以充分利用那些食材，傳達西班牙風格的「簡單調理，口味單純」的享用美食的方式。

除了圍繞著瓦斯式鐵板煎台的L型吧台座位，還有餐桌座位。鐵板料理以使用當令食材製作的「今日推薦料理」為主。也有基本的開胃前菜和米食料理。

　　具代表性的食材是駿河灣的紅蝦。它的味道令人想起西班牙德尼亞的特產紅蝦，主廚將其深奧的味道以當地正統的鐵板燒呈現出來。另一方面，主廚也將餐廳料理的食譜調整成適合鐵板調理。善用各種食器，讓餐桌更顯創意，除了味道之外，調理過程的趣味性也能吸引客人的目光。「即使因為忙於製作客人點的料理而必須讓客人等待，如果他們可以觀看鐵板調理的過程就不會覺得無聊，而站著喝一杯的人也能同樂。這種臨場感營造出彷彿置身於西班牙酒吧的氣氛。」

DATA

地址	東京都港区虎ノ門1-17-1 虎ノ門ヒルズ ビジネスタワー 3F
電話	03-6550-9607
URL	www.toranomonhills.com/toranomonyokocho/
營業時間	平日　11:00～15:00　17:00～23:00 六、日、假日　12:00～15:00　16:30～22:00
價格範例	【套餐】（預約制）午3,835日圓～、晚7,700日圓～待議 【駿河灣紅蝦鐵板燒（4尾～）】2,112日圓～

岩鹽烤
毛緣扇蝦

以鐵板製作鹽殼的時候，為了彌補不足的熱量，一般
都會蓋上銅帽，不過這裡是將鹽殼本身淋酒之後點火
燃燒來加熱。岩鹽冒出火焰的景象和酒精的香氣，使
得現場製作的氣氛變得更加熱絡。烹調帶殼的甲殼類
時，要讓肉質保持濕潤的口感。

材料

毛緣扇蝦
岩鹽、蛋白
阿蒙提亞多雪莉酒（熟成型雪莉酒）
【羅美斯科醬】*

a | 番茄 … 2個
  | 大蒜 … 1瓣

b | 杏仁（烤過）… 25g
  | 榛果（烤過）… 25g
  | 乾燥紅辣椒（Ñora，西班牙產乾辣椒／
  | 泡水回軟）… 2個
  | 雪莉酒醋 … 20ml
  | 橄欖油 … 100g
  | 鹽、胡椒

＊將 a 分別以烤箱烘烤。然後把 a 與 b 一起用食
物調理機攪打成泥狀。

1　將岩鹽（與蛋白混合）在高溫的鐵板鋪上厚厚
　　一層，然後放上毛緣扇蝦（腹部朝下）。用岩
　　鹽從上方完全覆蓋住毛緣扇蝦【A】。以瓦斯
　　噴槍炙烤表面，使表面變硬，進行燜烤。

2　大約10分鐘之後，將阿蒙提亞多雪莉酒澆淋
　　在 1 的鹽殼表面【B】，然後以瓦斯噴槍炙烤
　　表面，使鹽殼起火燃燒【C】。繼續烤5分鐘。

3　將鹽殼從鐵板上剷起，以煎鏟打碎之後取出毛
　　緣扇蝦【D】。連殼切成容易入口的大小。

4　將鹽殼底部的圓盤狀鹽鍋巴放入盤中，再盛放
　　毛緣扇蝦。附上羅美斯科醬。

駿河灣紅蝦鐵板燒

西班牙的地中海沿岸地區，鐵板燒料理發展興盛。「鐵板紅蝦（Gambas a la Plancha）」是其中具代表性的一道佳餚。在煎烤這類帶殼的食材時，要先將鹽直接撒在鐵板上烤一下，待鹽散發出香氣之後，再把食材排放在鹽的上面煎烤。

材料

紅蝦
E.V.橄欖油
馬爾頓鹽（Maldon）
【大蒜橄欖油醬汁】*
大蒜（切成碎末）
義大利香芹（切成碎末）
橄欖油

＊Refrito。將大蒜和橄欖油一起（由常溫開始）加熱，大蒜的水分消失之後加入義大利香芹，然後關火即成。

1　在鐵板（高溫區）撒上鹽【A】，然後把紅蝦一一排放在鹽的上面（要將蝦頭放在火力強的熱源上）。由紅蝦的上方淋入E.V.橄欖油【B】，也要在上面撒鹽。

2　將紅蝦加熱到大約3成熟時翻面。這時也要將蝦頭放在熱源側【C】。

3　待蝦肉加熱到適中的熟度時（煎烤時間總共約2分鐘），盛盤。撒點馬爾頓鹽，淋上大蒜橄欖油醬汁增添香氣。

瞬間煙燻魚子醬佐蝦子布丁

使用酒精和圈模製作，透過輕度煙燻的方式讓魚子醬裹上阿蒙提亞多雪莉酒（熟成型雪莉酒）的淡淡香氣。高級豪華的魚子醬在視覺上也很引人注目。

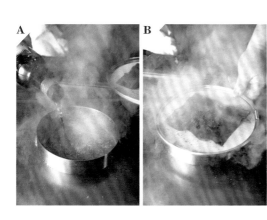

材料

魚子醬（拉脫維亞產）
昆布（用水浸濕之後擦乾）
阿蒙提亞多雪莉酒
薄荷

1　將昆布鋪在不鏽鋼製的網子上，再放上魚子醬。

2　將圈模放上鐵板。在圈模的內側倒入適量的阿蒙提亞多雪莉酒【A】，然後立刻放上 1【B】，利用冒上來的蒸氣蒸一下（數秒鐘）。將 1 取下。放在蝦子布丁的上面，再以薄荷裝飾。

蝦子布丁

蝦和魚的高湯 … 250ml
全蛋 … 2個
【芡汁】
檸檬皮（削下檸檬的表皮）
紅椒粉
橄欖油
椰子水
鹽、胡椒
樹薯粉

1　將高湯和蛋混合之後，以鹽調味。在烤盅裡倒入淺淺一層的高湯蛋液，然後以蒸氣旋風烤箱加熱。

2　製作芡汁。將檸檬皮和紅椒粉用橄欖油拌炒，加入椰子水、鹽、胡椒之後，稍微煮滾。加入用水調勻的樹薯粉勾芡。

3　上菜時，將 1 加熱，然後倒入 2。

蟹肉舒芙蕾

「以鐵板烘烤的舒芙蕾」。接觸到鐵板的底部烤得很
酥脆，越往上方的海綿蛋糕體表面則相當軟綿。將西
班牙巴斯克地區的知名料理「烤蜘蛛蟹」的作法加以
調整，做成番茄燉螃蟹，填入舒芙蕾的中心。

材料

【燉螃蟹】
水煮松葉蟹 … 200g
洋蔥（焦糖化）… 50g
白蘭地 … 適量
番茄醬汁 … 200g
魚高湯 … 400ml
麵包粉 … 適量
鹽

【舒芙蕾麵糊】
低筋麵粉 … 250g
全蛋 … 2個
細砂糖 … 10g
蜂蜜 … 10g
水 … 250ml
鹽

【醬汁】
螃蟹的煮汁
樹薯粉
鹽

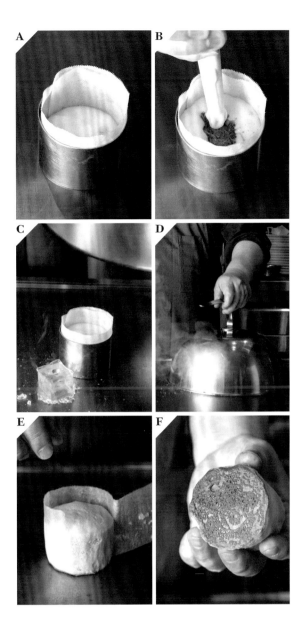

1. 燉螃蟹：將焦糖洋蔥用鍋子加熱，澆淋白蘭地點火燃燒之後，加入番茄醬汁、魚高湯。煮滾之後，加入已經剝散的松葉蟹肉稍微煮一下。用麵包粉調整濃度，然後以鹽調味。

2. 舒芙蕾麵糊：將蛋和細砂糖攪拌混合之後充分打發，然後倒入蜂蜜、水。加入已經過篩的低筋麵粉（＋鹽）攪拌。裝入氮氣瓶中。

3. 在中溫的鐵板上倒入薄薄一層油，在圈模（直徑5cm、高度3.5cm）的內側面貼上烘焙紙，然後放在鐵板上，擠入 **2** 至圈模 1/3 的高度為止【A】。

4. 麵糊加熱變硬之後（約2分鐘），放上大約1湯匙的 **1**，上面再覆蓋舒芙蕾麵糊【B】。

5. 在圈模的旁邊放置冰塊，蓋上銅帽【C】。加熱大約5分鐘【D】。

6. 等麵糊變得膨脹鬆軟之後掀開銅帽，取下圈模【E】，盛盤。底部烤得很酥脆【F】。

7. 盛入盤中，淋上醬汁（將螃蟹的煮汁加入用水調勻的樹薯粉勾芡而成）。可依個人喜好擺放上魚子醬。

以煙燻收尾的
嫩煎烏賊

如果有圈模、煙燻木屑和銅帽的話，就能在鐵板上瞬
間完成煙燻。客人可以從客席觀賞到火焰和冒出的白
煙，這種臨場感也屬於一種視覺享受。鐵板煙燻料理
也會利用章魚或鰹魚來製作。

材料

較小尾的白烏賊

鹽、橄欖油

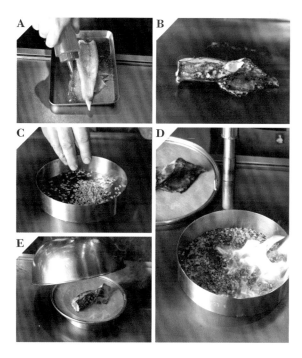

1　烏賊（未剝除外皮）先撒上鹽，再抹滿橄欖油【A】。依照人數取適當分量的巴斯克燉甜椒（piperade）放入小鍋中，以鐵板加熱。

2　將 1 的烏賊放在高溫的鐵板上，表面煎上色之後翻面，把兩個側面也煎過（肉鰭內側也要煎過）【B】，全面煎上色。然後放在不鏽鋼的網子上。

3　在煎烏賊的同時，將圈模放在鐵板上，內側撒入煙燻木屑【C】，接著以瓦斯噴槍點火燃燒【D】。立刻將 2 放在圈模上，蓋上銅帽。靜置片刻（大約1分半鐘），使烏賊沾附淡淡的燻製香氣【E】。

4　先在盤底倒入烏賊墨汁的醬汁，然後盛入巴斯克燉甜椒，最後放上 3 。

巴斯克燉甜椒

大蒜（壓碎）… 2 瓣
洋蔥（切片）… 4 個
青椒（切片）… 6 個
紅甜椒（Piquillo，罐頭）… 200g
橄欖油、鹽、胡椒

1　用橄欖油炒大蒜，然後加入洋蔥拌炒。炒至洋蔥變透明之後加入青椒、鹽，蓋上鍋蓋加熱。

2　煮至變得軟黏之後加入紅甜椒，然後以鹽、胡椒調味。

烏賊墨汁的醬汁

a	大蒜（切成碎末）… 1 個
	洋蔥（切成小丁）… 2 個
	青椒（切成小丁）… 10 個
b	生火腿的骨頭 … 15 cm
	烏賊的腳和碎肉 … 500g

番茄醬汁 … 500g
白酒 … 100ml
魚高湯 … 2L
烏賊墨汁 … 3 大匙
米 … 50g
橄欖油、鹽、胡椒

1　用橄欖油炒 a，充分炒出鮮味之後，加入 b 稍微煮一下。加入番茄醬汁、白酒，然後加入魚高湯、烏賊墨汁和米（勾芡用）一起燉煮。

2　味道融合之後關火。取出骨頭，倒入食物調理機中攪打。以鹽、胡椒調味。

燜煎肥肝

製作燜煎肥肝時，目標是把肥肝的內部煎得像豆腐一樣軟嫩。單用「煎」的是無法完成的，在表面煎出漂亮的焦色之後，利用水蒸氣燜蒸才能達到效果。如果是在鐵板上操作，使用圈模＋冰塊＋銅帽就能有效率蒸熟且把肥肝蒸得漂亮。

A

B

C

材料

肥肝（厚約2cm的切片）… 1片
鹽、胡椒
糖煮鳳梨（小方塊）… 2個
布里歐吐司 … 1片
馬爾頓鹽、黑胡椒粒（磨碎）
粉紅胡椒
【鳳梨甜酸醬】*
紅蔥頭（切成碎末）… 100g
橄欖油
a │ 乾型雪莉酒 … 50ml
  │ 雪莉酒醋 … 50ml
b │ 糖煮鳳梨 … 400g
  │ 糖煮鳳梨的糖漿 … 200g

＊將紅蔥頭以小火炒出鮮味之後，依序加入 a 煮滾。加入 b 煮5分鐘左右，倒入食物調理機中攪打均勻。

1　在高溫的鐵板上倒油，放上糖煮鳳梨，將4面都煎出漂亮的焦色。同時也在鐵板上煎布里歐吐司。

2　將肥肝撒上鹽、胡椒，放在高溫的鐵板上【A】。煎出漂亮的焦色之後翻面。另一面也上色之後，將廚房紙巾摺成4折鋪在不鏽鋼的網子上，然後放上肥肝。

3　將圈模放在鐵板上，在內側放入一個冰塊，然後立刻將 2 放在圈模上【B】，再蓋上銅帽。適度地補充冰塊，將肥肝蒸熟。

4　確認加熱狀況之後取出肥肝【C】，盛盤。撒上馬爾頓鹽和黑胡椒粒。附上 1 和鳳梨甜酸醬，然後撒上粉紅胡椒。

托里哈斯法式吐司

托里哈斯（Torrija）是西班牙版的法式吐司。這是不使用蛋製作的版本，正因為鐵板擁有穩定的火力才能煎得很漂亮。

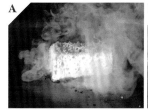

材料

布里歐吐司
牛奶 … 250ml
a │ 細砂糖 … 40g
  │ 肉桂 … 1根
  │ 檸檬的表皮 … 適量
  │ 柳橙的表皮 … 適量
紅糖 … 適量
鮮奶油（乳脂肪含量35%）… 適量
橄欖油

1　將適量的 a 逐次加入牛奶中混合。

2　切開布里歐吐司，浸泡在 1 中，將吐司朝下的那一面沾上紅糖，放在倒有薄薄一層橄欖油的高溫鐵板上【A】。在吐司朝上的那一面也放上紅糖，等到與鐵板接觸的那一面焦糖化之後，翻面。兩個側面也要煎過【B】。

3　盛盤，附上打發的鮮奶油。

Teppanyaki TAKAMI
鉄板燒き 高見
東京・廣尾

極力追求大阪燒的
技術和創造性

吧台座位有3塊瓦斯式鐵板。「雖然比起IH，操作上比較難，但它的優勢是可以一口氣提高溫度。」這是由高見先生親自設計，發包給老街的鐵工廠製作。目前員工共有10名。除了8席吧台座位之外，4～5席的餐桌座位有2桌，半包廂、包廂共計5桌。

　　才想著廚師正用湯匙咚咚地敲著杯子裡的麵糊，下一秒鐘，廚師就以迅雷不及掩耳的動作轉動杯子，讓麵糊飽含空氣，並倒向鐵板……在完成之前看起來就很好吃。客人的眼睛緊盯著店主高見真克先生的一舉一動。

　　菜單的內容除了基本的麵食料理外，還像割烹料理店一樣，準備了豐富多樣的季節料理。既是重視食材的單純料理，而且製作流程和鐵板的用法頗具創意，加熱的精準度和漂亮程度也都到了爐火純青的地步。作為一家風格獨具的大阪燒店，也難怪國內外的知名主廚都要來一探究竟。

　　舉例來說，蟹肉可樂餅是使用最少限度的油量來煎炸鬆軟的蛋白霜蟹肉糊。以用鐵板製作真薯的構想，最終製作出口感輕盈的可樂餅。知名的高見燒，就是一般所謂的章魚燒，然而將麵糊倒入特製的鐵框中再捲起來的形式，不僅好看也很好吃。

由於家裡開設美容院，高見先生從小就感受到接待客人的嚴謹態度和樂趣所在。他表示：「開辦以周到服務為主體的鐵板燒專業學校是我的夢想。」

　　高見先生在最初任職的大阪燒店「千房」，無意中認識了這個鐵板燒的世界。他很快就全心全意地投入其中，在千房和「YAKIYAKI三輪」累積經驗，2004年獨立開業。雖然他身為獨創的鐵板好手而漸漸受到矚目，但是他堅定地說，鐵板燒工作的基石是對客人的周到服務。「對於單一料理，變換好幾種不同的調味或是配方試做看看。見到客人之後會臨機應變，有時稍微降低鹽的用量，有時則是調整成客人想要的味道。我認為，無法公式化的對話和體貼的心意才是最重要的事。」

DATA
地址　　　東京都渋谷区広尾3-12-40 広尾ビル 2F
電話　　　03-5766-8120
營業時間　16:00 ～ 23:00　不定時公休
價格範例　【套餐】9,790 ～ 20,790 日圓
　　　　　　　【蟹肉香菇鬆軟可樂餅】1個825日圓
　　　　　　　【山椒粒拌醬燒星鰻】1,980日圓
　　　　　　　【豚玉燒】935日圓

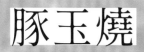

豚玉燒

相對於麵糊的分量，高麗菜的量增加大約一成，使整體維持均衡，攪拌時不要拌出黏性，完成時便能飽含空氣，以每次加熱25%的方式翻面4次，製作出鬆軟的煎餅。麵糊的調配方式和煎法，最終靠的是感覺。「只有多做幾次才能找到自己理想中的味道。」

材料

大阪燒的麵糊*

a | 高麗菜（切成細絲）
　 | 油炸洋蔥酥
　 | 全蛋

豬五花肉（切成薄片）

全蛋

菜籽油

豬的脂肪

【完成時的調味】

大阪燒醬汁

自製美乃滋

【點綴的配料】

柴魚片

青海苔

Doro醬汁**

*將低筋麵粉、山藥泥、鹽、昆布柴魚高湯混合而成。

**以伍斯特醬熟成時的沉澱物製成的濃稠醬料。

1　將大阪燒的麵糊和 **a** 放入有把手的杯子中。用手拿著杯子，使用大阪燒專用湯匙，不要攪拌，而是以敲打的方式拌勻，將漸漸凝固的麵糊拌開【A】。最後轉動杯子數次，讓麵糊飽含空氣。

2　將菜籽油倒在以中火加熱的鐵板上，然後倒入 **1**。放上豬五花肉，把殘留在杯子裡的少量麵糊塗抹在瘦肉的部分（防止加熱之後變硬）【B】。立刻將煎餅翻面，輕壓周圍調整形狀，以煎鏟的角在煎餅表面的中心輕輕戳洞（讓多餘的水分蒸發）【C】。

3　從倒入麵糊到煎製完成，在大約6～7分鐘內，合計要翻面4次【D】。

4　將豬的脂肪放在大火的位置加熱融化，然後把蛋打在鐵板上，輕輕地攪散蛋黃【E】。將有豬肉的那一面朝下放在蛋的上面【F】，轉動煎餅使其均勻地沾附蛋液。

5　蛋煎熟了之後翻面，將大阪燒醬汁和美乃滋倒在上面【G】，然後以湯匙的底部塗抹開來【H】。撒上柴魚片和青海苔，再淋上少量的Doro醬汁。

6　放在從鐵板延伸出來的保溫板上提供給客人（視客人的人數，在鐵板上切成大塊之後提供）。

海瓜子
炒高麗菜

僅限春季提供的一道料理。燜炒海瓜子和高麗菜時，不要錯過海瓜子打開殼的時間點。這種鮮嫩多汁的口感用一般的鍋子做不出來，只有鐵板才能辦到。

材料

海瓜子
高麗菜（切成大片）

a | E.V. 橄欖油
  | 大蒜（磨成泥）
  | 義大利香芹（切成碎末）

E.V. 橄欖油
檸檬汁

1　以中小火加熱鐵板，擺上海瓜子，再放上滿滿的高麗菜【A】。

2　在 **1** 的旁邊依序放上 **a** 加熱【B】，不時以煎鏟攪拌，製作充滿香氣的大蒜醬汁。

3　將 **2** 淋在 **1** 的上面【C】，倒入水之後蓋上銅帽【D】。

4　蒸40秒～1分鐘，等海瓜子的殼稍微打開即可掀開銅帽【E】。取一小片高麗菜試味道，如果太淡的話就加鹽調整，然後立刻盛盤。

5　淋上各少量的E.V.橄欖油和檸檬汁。

蟹肉香菇
鬆軟可樂餅

名稱雖然是可樂餅，不過卻是源自「想用鐵板製作鮮蝦真薯」的想法而來的一道料理。表面裹上一層極薄的麵包粉，香氣十足，一放入口中就瞬間融化。多年來一直是熱賣的商品。

材料

蛋白

水煮松葉蟹（剝散）

香菇（切成碎末）

鴨兒芹（切碎）

麵包粉（細粒）

菜籽油、鹽

1　打發蛋白製作成蛋白霜，與松葉蟹肉、香菇、鴨兒芹混合。輕輕聚攏成一團，大約是手掌心的大小，並在表面沾上麵包粉【A】。

2　以中火加熱鐵板，倒入多一點的菜籽油。放上 **1**，以煎鏟調整成長方體【B】。隨時以煎鏟壓住4個側面，等到底面煎上色之後（放倒90度），變換與鐵板接觸的面【C】。中途要用煎鏟把擴散出去的油集中在一起（為了使溫度平均），將可樂餅移往油的位置，每一面各煎10秒左右，把6個面全部煎硬。

3　將可樂餅移往以小火加熱的位置【D】，煎1分鐘左右就完成了。煎可樂餅的過程中，如果有油分滲出，要變換擺放的位置和與鐵板接觸的面，以煎鏟去除油分，重複進行這項作業。稍微撒點鹽之後，盛盤。

高見燒

原創風格的章魚燒。使用特別訂製、附有握柄的鐵框，形狀的
設計正好可以將麵糊的香氣、融合的狀況、配料的混合都包覆
進去。使用比炸麵球還要香的油炸洋蔥酥。有高湯醬油和大阪
燒醬汁2種口味。

材料

明石粉 *

生章魚（明石產／切碎）

a | 紅生薑
　 | 油炸洋蔥酥
　 | 九條蔥（切成蔥花）

菜籽油

【完成時的調味】

高湯醬油

大阪燒醬汁

自製美乃滋

【點綴的配料】

柴魚片

青海苔

＊將低筋麵粉、全蛋、昆布柴魚高湯拌勻
成較稀的麵糊。

1　以中大火加熱鐵板，放上專用的鐵框，倒入多
　　一點的菜籽油【A】，搖晃鐵框讓油沾附在鐵
　　框上。

2　將明石粉混合均勻，倒入 1 中（直到鐵框高度
　　的一半）【B】。將章魚和 a 分別放入鐵框的兩
　　端【C】。立刻將筷子插入麵糊和鐵框之間繞
　　一周【D】，然後拿起鐵框。

3　將2支煎鏟立在煎餅的中央，其中一支固定不
　　動，以另一支煎鏟縱向切開煎餅【E】。

4　將煎鏟插入切口中，把煎餅的 1/3 左右摺向有
　　配料的那一側【F】，滾動之後蓋住剩餘的 1/3
　　【G】。

5　將全部的煎餅排放在一起，單面各煎30秒左
　　右【H】，然後盛盤。一半用刷子塗抹高湯醬
　　油，另一半則是淋上大阪燒醬汁和美乃滋。兩
　　者都撒上柴魚片和青海苔。

材料

豬五花肉（切成薄片）
高麗菜（切成大片）
豆芽菜
油麵（強棒麵專用）
鹽、黑胡椒

a	原創伍斯特醬
	炸豬排醬
	Doro醬汁
	大蒜（泥）

昆布柴魚高湯

b	李派林伍斯特醬
	醋
	鹽
	高湯醬油
	大蒜油
	日式炒麵醬

c	柴魚片
	青海苔
	黑胡椒
	紅生薑

豬肉炒麵

使用稍粗一點，但口感輕盈的強棒麵麵條。將多種配料分別加進去，讓香氣散發出來。因為每次加入配料時都要試嘗一下並調整味道，所以沒有固定的配方。

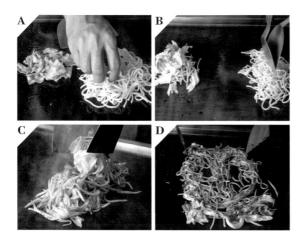

1　鐵板以中火加熱，放上豬五花肉，撒上鹽和黑胡椒。翻面之後以煎鏟切成小塊的肉片。

2　挪動豬肉的位置，在豬肉滲出的油脂上面鋪放油麵【A】。

3　將高麗菜和豆芽菜放在別的位置，取⅔的豬肉放在上面。

4　剩餘⅓的豬肉則拌入麵條中，以煎鏟由下往上翻炒，把麵條均勻地炒熟【B】。

5　將4集中在一起，放在3的上面。分別淋上適量的a，再加入40ml左右的高湯。以煎鏟由下往上翻炒，使全體沾裹醬汁【C】。試嘗味道之後，以b適當地調整味道（因為鐵板會帶走醬汁，所以用補充醬汁的感覺加入）。

6　最後移動到沒有燒焦的鐵板上，將麵條攤開，以中大火加熱，使多餘的水分蒸發，把麵條的表面稍微炒焦，味道會更香【D】。

7　盛盤之後放上c。

山椒粒拌
醬燒星鰻

這道料理與蒸星鰻的柔嫩感截然不同,口感十分
Q彈。一邊炒生星鰻一邊讓星鰻裹上甜甜的醬油
醬汁,散發出香濃的山椒風味。喜知次魚或金眼
鯛也可以用同樣的方法製作。

材料

星鰻(清理乾淨之後剖開,切成一口大小)
味噌漬山椒粒
魚醬汁*
菜籽油
山椒粉

＊將醬油、酒、味醂、砂糖煮乾水分而成。

1　鐵板以中小火加熱,將星鰻的帶皮面朝下放在
　　鐵板上【A】。味噌漬山椒粒放在小火的位置
　　【B】。

2　將魚醬汁以繞圈的方式淋在星鰻上【C】,稍
　　微倒一點菜籽油,一邊讓星鰻沾裹醬汁一邊加
　　熱。鐵板開始出現焦垢時【D】,即可盛盤。

3　將山椒粒也淋上少許的魚醬汁,然後放在星鰻
　　上。撒上山椒粉。

3 種煎乳酪

使用小火就能把乳酪融化，最後再以稍強的火把表面煎得焦脆，內層則保留軟綿的口感。也可以用大阪燒的麵糊煎成薄薄的餅皮，擺上乳酪再包起來做成像墨西哥薄餅的東西。

材料

哈瓦第乳酪
愛爾蘭波特乳酪
卡門貝爾乳酪
巴薩米克醬汁*
黑胡椒
E.V. 橄欖油
野生芝麻菜
檸檬汁

＊將巴薩米克醋和蜂蜜混合之後煮乾水分。

1　鐵板以中大火加熱，將切成適當大小的3種乳酪放在鐵板上煎【A】。在小鍋中倒入巴薩米克醬汁，放在鐵板邊緣的溫熱處備用。

2　乳酪的單面煎好之後，用小煎鏟從哈瓦第乳酪的一端捲起來【B】。將卡門貝爾乳酪翻面。愛爾蘭波特乳酪則從中央對摺【C】。

3　將 2 盛盤，在卡門貝爾乳酪上淋入巴薩米克醬汁。撒上黑胡椒，淋上 E.V. 橄欖油。添加野生芝麻菜，最後淋上檸檬汁。

A

B

C

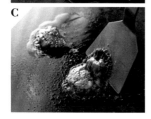

紅豆捲

在麵皮上撒鹽，讓味道更加層次分明。紅豆餡如果太燙會很難入口，所以稍微加熱即可。要斜切還是要直切，全憑廚師的感覺。如果使用的水果換成葡萄，就不用捲起來，附在一旁供客人清口之用。

材料（1盤份）

紅豆粒餡 … 60g
白玉湯圓（將冷凍品以滾水解凍） … 4顆
草莓（切成4份） … 1個
鹽
【抹茶麵糊】*（依照以下的比例混合）
上新粉 … 1
低筋麵粉 … 1
糖粉 … 0.5
抹茶粉 … 0.5
水 … 3

1　將紅豆粒餡和白玉湯圓放在以中小火加熱的鐵板上。白玉湯圓以瓦斯噴槍炙烤一下【A】。

2　將抹茶麵糊倒在鐵板上，以煎鏟縱向抹開成薄薄的長橢圓形【B】。煎30秒左右，以小煎鏟從麵皮周圍剷起並翻面，煎10秒左右再次翻面【C】。撒上鹽。

3　將 1 的紅豆粒餡縱向分成2等分，在麵皮上排成一列，然後以相等的間隔放上白玉湯圓。在白玉湯圓的中間放上草莓【D】。

4　將麵皮的一個長邊摺起來蓋住內餡【E】，從麵皮的底部開始滾動，捲成圓筒狀。改為橫向擺放，將一支小煎鏟平放在麵皮上，另一支小煎鏟則豎立在它的上面，輕敲使餡料和麵皮密合。立起2支小煎鏟，以其中一支壓住麵皮，另一支則把紅豆捲斜斜地切成4等分【F】，盛入盤中。

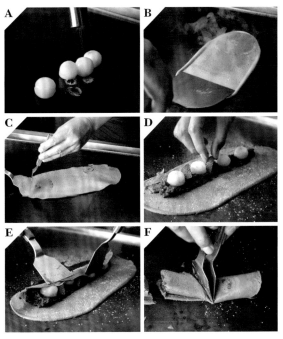

AU GAMIN DE TOKIO
オー・ギャマン・ド・トキオ

東京・惠比壽

招牌料理有好幾道。
鐵板餐酒館的先驅

「對我來說，在思考怎樣的料理會受到顧客喜愛，或針對顧客的點餐即興創作時，鐵板就像不可缺少的遊戲道具一樣。」（內田先生）。

　　2008年，店主兼主廚的木下威征先生在白金開店（2015年搬遷到惠比壽）。開拓出「鐵板燒×法式料理」這種新穎的類型，正是所謂的「鐵板餐酒館」的先驅。

　　一開始引進鐵板，雖然是為了解決空間狹小和員工人數少的問題所採用的苦肉計，但是後來強調以鐵板為象徵的臨場感，用獨特的發想追求起「以日本人的本能為訴求的美味」。除了鐵板料理之外，還有以肥肝慕斯和南瓜泥為夾餡的巧克力閃電泡芙、在客人面前萃取日式高湯之後注入碗中的天使細麵拉麵等，優質的招牌料理不可勝數。

　　現在的店鋪是更加意識到臨場感的樂趣而打造出來的。ㄈ字型吧台座位圍繞著料理台，也可以從地板高起的餐桌座位往下看。備料用的瓦斯爐等配置在後場，前面的料理台則變成可以觀賞的「舞台」。廚師的動作和待客的舉止頗值得一看，煎製鐵板料理中最受歡迎的「松露鬆軟舒芙蕾歐姆蛋」時，它的樣貌和香氣引人食指大動，總會聽到客人說「麻煩這裡也來一份。」

　　現在擔任主廚工作的內田健太先生，從開業時起就在木下先生的指導下磨練廚藝，目前總共負責5家店。店名中的GAMIN是法文「頑童」的意思，顧名思義，這家店每天會陸續端出技藝純熟的法式料理，且在美味當中還添加了玩心。

店內擺有料理台、熔岩石烤爐、IH鐵板。為了讓位於角落的鐵板可以看得更加清楚，在2021年夏天經過改裝之後，已經移到吧台座位的中央（照片為改裝前）。

Bistro style
AU GAMIN DE TOKIO
Since 2008

DATA

地址	東京都渋谷区惠比寿3-28-3 CASA PIATTO 2F
電話	03-3444-4991
URL	https://gamin.shop/
營業時間	18:00 ～ 23:00　無休（年末年初除外）
價格範例	【套餐】9,680日圓 【松露鬆軟舒芙蕾歐姆蛋】3,960日圓 【肥肝漢堡】1,760日圓

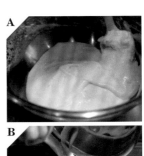

松露鬆軟
舒芙蕾歐姆蛋

這是在菜單上以「私房菜!!」為賣點的招牌料理。特色在於用極軟的歐姆蛋包捲起來。將松露刨成薄片放上去之後立即端上桌。冬季時使用黑松露製作。除了口感和香氣，鹹鹹甜甜的味道也頗受好評，客人的回點率很高。

材料（1盤份）

a	全蛋 … 1個
	鮮奶油 … 15g
	乳酪粉 … 7.5g
	鹽、胡椒 … 少量
b	蛋白 … 1個份
	鹽 … 少量

奶油
白松露風味的蜂蜜
松露

1　將 a 混合均勻之後，加入以 b 打發的蛋白霜中，大幅度地翻拌【A】。

2　將奶油在鐵板上加熱融化之後倒入 1【B】，以煎鏟推平成橫向的長方形【C】。

3　將煎鏟插入右端，然後以長板鏟往左捲起來【D】。輕輕按壓上下左右，調整形狀【E】。

4　盛盤，淋上白松露風味的蜂蜜之後，刨出松露薄片放在上面。

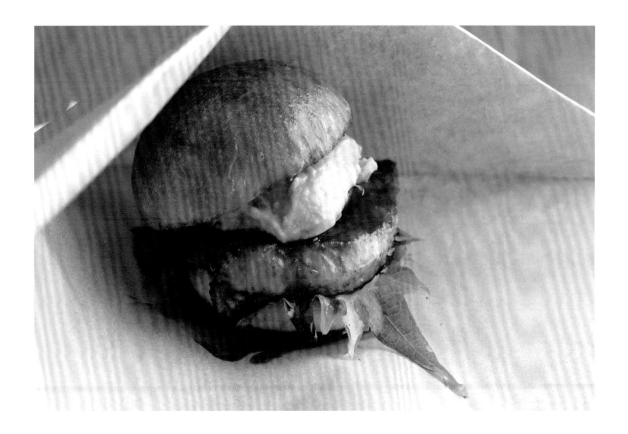

肥肝漢堡

感覺像是前菜的小型漢堡。相對於風味醇厚的肥肝、酪梨這些西式食材,使用日式口味的照燒醬和山葵泥、青紫蘇來取得味道上的平衡。

材料

小洋蔥(切成圓片)
肥肝(60g)
高筋麵粉
小餐包
青紫蘇(大葉)
奶油、鹽、胡椒
照燒醬*
酪梨醬**

＊將醬油、酒、雙目糖慢慢煮乾水分而成。

＊＊在酪梨中拌入檸檬汁、美乃滋、山葵泥製作而成。

1　將奶油在鐵板上抹開,放上小洋蔥。

2　在肥肝上撒入鹽、胡椒之後沾裹高筋麵粉,放在鐵板上【A】。

3　將 1 翻面之後,把對半切開的小餐包切面朝下放在鐵板上。將 2 翻面【B】。小餐包以噴霧器噴上少許水霧,蓋上銅帽燜蒸。

4　依序將小餐包、青紫蘇、肥肝、小洋蔥、照燒醬、酪梨醬、小餐包重疊起來,放入食品包裝紙中,然後盛盤。

A

B

冰花扇貝
瓦片燒

要煎出一片薄網狀的脆片，把麵糊倒入圈模之後，立刻取下圈模
即可。放上扇貝一起煎，麵糊會吸收扇貝的鮮味。連扇貝的內臟
和外套膜也充分利用，加入法式料理的正統醬汁中。

材料

扇貝	【 瓦片燒麵糊 】
高筋麵粉	（ 以下材料取適量混合 ）
酒	低筋麵粉
奶油	沙拉油
鹽、胡椒	水

1　將扇貝清理乾淨，在貝柱撒上鹽、胡椒之後，沾裹高筋麵粉。內臟和外套膜用酒蒸煮。

2　在鐵板上倒入油，放上 1 的貝柱。將圈模放在另一個地方，倒入瓦片燒麵糊【A】。取下圈模【B】，放上貝柱【C】。

3　將煎鏟插入煎好的麵皮下方，用另一支煎鏟從外側仔細地剝下麵皮【D】，翻面之後煎另一面【E】。

4　將白奶油醬汁裝入小鍋中，用鐵板加熱。在鐵板上加熱融化奶油，放上 1 的內臟和外套膜嫩煎【F】。撒上鹽、胡椒，立起煎鏟把內臟和外套膜切碎，加入小鍋中。

5　將普羅旺斯燉菜（加熱）盛盤，上面擺放 3，然後在周圍淋上 4。

【 白奶油醬汁 】

a	紅蔥頭（ 切成碎末 ）
	白酒
	白酒醋

魚高湯
奶油、鮮奶油、鹽、胡椒

1　將 a 煮乾水分，加入魚高湯稍微加熱之後，一邊加入大量的奶油一邊攪拌，然後以鮮奶油、鹽、胡椒調整味道和濃度。

【 普羅旺斯燉菜 】

a	大蒜（ 切成碎末 ）
	洋蔥（ 切成小丁 ）

番茄（ 切成小丁 ）

b	茄子（ 切成小丁 ）　櫛瓜（ 切成小丁 ）
	青椒（ 切成小丁 ）
	甜椒（ 紅、黃／切成小丁 ）

橄欖油、鹽、胡椒

1　用橄欖油炒 a，炒到洋蔥變透明之後，加入番茄一起煮。

2　將 b 分別炒好之後加入 1 中，稍微煮一下，以鹽、胡椒調整味道。

丁骨牛排
佐紅蔥頭奶油醬汁

主菜料理以牛排肉塊為基本菜色。使用溫度比平底鍋更加穩定
的鐵板，以及可以逼出油脂並讓牛排沾染煙燻香氣的烤爐，透
過雙重加熱的方式使牛排擁有完美的熟度。

材料

丁骨牛排
鹽、胡椒、奶油
大蒜（切成碎末）
紅蔥頭（切成碎末）
粗磨黑胡椒
荷蘭芹（切成碎末）
炸薯條
野生芝麻菜
芥末籽醬

1　在準備烹調的大約20分鐘前，先將丁骨牛排從冷藏室中取出，置於常溫下。

2　將奶油放在鐵板上加熱，在 **1** 的表面撒上鹽、胡椒之後，放在已經融化的奶油上【A】。煎到上色之後翻面，另一面也同樣煎到上色【B】，然後將肉塊立起來，帶有脂肪的那一面也要煎過【C】。

3　移到以熔岩石製作的烤爐上，以遠火慢慢地烤，把油脂逼出來【D】。

4　將奶油放在鐵板上加熱融化之後炒大蒜【E】。大蒜稍微上色之後添加奶油，放入紅蔥頭【F】一起拌炒均勻。加入鹽、粗磨黑胡椒、荷蘭芹。

5　將剛炸好的薯條、野生芝麻菜和芥末籽醬盛放在木盤上，然後放上分切好的肉。將 **4** 和奶油一同舀起，澆淋在牛肉上。

生胡椒
培根蛋黃香料飯

將義式培根＋蛋黃＋乳酪＋胡椒等培根蛋黃義大利麵的組合，做成飯料理。一邊煎生胡椒粒一邊壓碎，引出它的香氣，與義式培根一起拌炒，這是使用鐵板製作才能展現的技法。加入奶油飯，一口氣完成製作。

材料

義式培根（切成長方形）
生胡椒粒
奶油飯*
貝夏梅醬汁**
蛋黃
格拉娜・帕達諾乳酪（磨碎）
粗磨黑胡椒

＊用奶油炒米，加入雞骨高湯之後，以烤箱炊煮而成。
＊＊將奶油和低筋麵粉一起拌炒，逐次少量地加入牛奶稀釋，再以鮮奶油、鹽、胡椒調整味道和濃度製成的醬汁。

1　在鐵板上倒入油，炒義式培根。將生胡椒粒放在鐵板上【A】，用煎鏟由上方施力壓碎生胡椒粒，讓香氣散發出來，然後與義式培根一起拌炒【B】。

2　加入奶油飯，立起煎鏟以切拌的方式拌炒【C】，將炒飯弄平整之後，加入鹽、胡椒調味並整成圓形【D】，然後剷起炒飯移入盤中。

3　淋上加熱過的貝夏梅醬汁，放上一顆蛋黃，然後撒上格拉娜・帕達諾乳酪和粗磨黑胡椒。

GAMIN 的銅鑼燒

從開業時期開始就一直提供的人氣甜點。在麵糊中加入味醂，可以增添香氣和光澤。紅豆粒餡與鹽味焦糖是日西合璧的絕妙搭配。

材料

紅豆粒餡
鹽味焦糖冰淇淋

【銅鑼燒麵糊】
（將以下材料混合）
鬆餅預拌粉
味醂
蜂蜜
牛奶
細砂糖

1　在鐵板上倒入油，舀入銅鑼燒麵糊抹開成直徑7cm的圓形【A】。開始冒出氣泡之後翻面，把當作內側的那一面稍微煎一下【B】。

2　將紅豆粒餡和鹽味焦糖冰淇淋放在 1 上，用另一片的 1 蓋住，提供給客人。

Aoyama SHANWAY
青山シャンウェイ
東京・北參道

原創的鐵板用法
中華料理的新型態

兼顧正宗道地的料理風味與在地店家的親切感，因此開業至今一直很受歡迎。2021年9月遷移至下記的地址。招牌料理有「烏龍茶炒飯」、「炸豬排與炒時蔬」、「毛澤東肋排」等。

　以「鐵板中華」為號召的這家店，已經在青山開業18年。這個概念雖然難免突兀，但中華料理給人的印象就是「以一個中式炒鍋烹調全部的料理」吧。

　店主兼主廚的佐佐木孝昌先生表示：「中華料理原本是指『在中式炒鍋中將油和水分合而為一』的料理。因此，使用鍋子製作的炒豆芽菜，根根入味，不會剩下醬汁。另一方面，鐵板上面的油會往旁邊流散，水分不斷地蒸發。『鐵板中華』就是發揮這個特色所製作出的原創料理。」

　曾是上海料理資深主廚的佐佐木先生著眼於鐵板料理的契機，也許是因為在中國時朋友請他吃鐵板料理的關係。他注意到「中華料理中也有鐵板料理」，因為受到它的烹調效果所吸引，所以當他獨立開業時，以DIY的方式在廚房設置了鐵板。目前鐵板料理占菜單全品項的3～4成左右，不論哪一道菜都是以傳統料理為基礎，再調整成以鐵板烹調的流程。

　利用鐵板烹調的特色、優點在於，①用較少的油加熱之後，做出口感清爽的料理。結果就能充分發揮食材本身的味道。②將調味料或煎汁煎焦之後沾裹在食材上，加強香氣以及與食材味道的對比。③利用添加了澱粉的煎汁製作出硬脆的「鍋巴」，在最後添加上去，讓人印象深刻。

　不論是清爽的口感、焦香感，或是硬脆的質地，日本人都很喜歡。中華料理要如何符合現代日本人的喜好呢？這正是佐佐木先生的「鐵板中華」致力的目標。

店主佐佐木先生。在東京原宿的「福祿壽飯店」修業之後，曾在新式中華料理店「ANTE CHINOIS」擔任過料理長，在廚藝界擁有豐富資歷。「鐵板中華是新型態的中華料理。想在傳統的美味中增添獨特的風味，持續不斷地製作下去。」

DATA

地址	東京都渋谷区千駄ヶ谷4-29-12
電話	03-3475-3425
URL	shanway.jp
營業時間	11:30～15:00　17:00～22:00 不定時公休
價格範例	【套餐】5,500日圓 【極品豚骨里肌鐵板燒】 1,680日圓（預定）

極品豚骨里肌鐵板燒
佐 BBQ 醬

慢慢地燜煎豬肋排，最後用眾多香料調製而成的調味料沾裹肋排。相較於以中式炒鍋製作的版本，以鐵板製作時使用較少的油，做出清爽的味道。

材料

豬肋排 … 4～5根（約1kg）

片栗粉

茭白筍

蘆筍

甜椒（紅、黃）

【預先調味的醃醬】（以下材料各取適量混合在一起）

紹興酒

醬油、鹽

長蔥、生薑

【香料】

香辣醬* … 2大匙

沙茶醬 … 1小匙

豆豉 … 1大匙

花椒 … 1小匙

生薑（切成碎末）

　… 1小匙

大蒜（切成碎末）

　… 1小匙

【綜合調味料】（以下材料各取適量混合在一起）

醬油

中式醬油

蠔油

砂糖

雞清湯

用水調勻的片栗粉

芝麻油

＊自製辣椒醬。

1　將豬肋排浸泡在醃醬中數小時預先調味。

2　在鐵板上倒入薄薄一層油，放上 **1**。與鐵板
　接觸的那一面煎硬之後，用銅帽蓋住，進行燜
　煎（大約20分鐘。中途翻面一次）【A】。

3　豬肋排快要煎好時【B】，在旁邊擺放切好的
　蔬菜開始煎。

4　肉和蔬菜都煎熟之後，將所有香料直接放在鐵
　板上，引出香氣【C】，沾裏在肉和蔬菜的上
　面【D】。淋上綜合調味料【E】，迅速地沾裏
　在肉和蔬菜上，即可盛盤。

龍井茶風味
帶頭蝦鐵板燒

為了讓蝦子的甜味與龍井茶的香氣完美融合，所以僅用鹽來調
味。最後將加入澱粉的龍井茶煎成鍋巴，添加在料理上，更加
突顯出香氣。

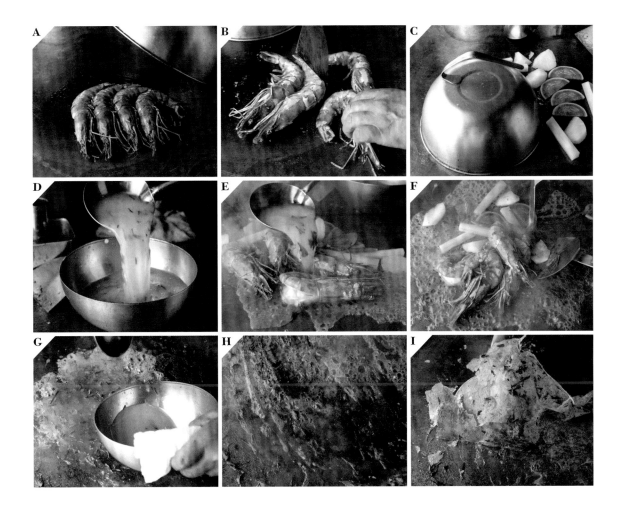

材料

帶頭帶殼蝦

（在蝦背劃入切痕，清除腸泥）

… 4尾

龍井茶 … 約400～500ml

用水調勻的片栗粉 … 少量

當季蔬菜（紅心蘿蔔、嫩莖萵苣、木薯）的切片

鹽

1　沖泡龍井茶。茶葉不需過濾，直接使用。加入少量的鹽。

2　在鐵板上倒入薄薄一層油，放上蝦子【A】。蓋上銅帽。燜煎一下之後掀開銅帽，煎出焦色之後翻面【B】，倒入少量的 1，再次蓋上銅帽。

3　將切成適當大小的蔬菜也放在鐵板上，兩面都煎過【C】。

4　將 1 的茶湯與用水調勻的片栗粉混合【D】。蝦子和蔬菜一起煎熟之後，淋上約200～250ml的茶湯芡汁【E】，以煎鏟翻拌，讓茶湯芡汁沾裹在食材上【F】。

5　將蝦子和蔬菜盛盤。取200～250ml左右的茶湯芡汁倒在殘留在鐵板上的醬汁中【G】，以煎鏟抹開使水分蒸發【H】。煎成硬脆的鍋巴之後以煎鏟剷起【I】。盛放在蝦子的上面。

鮪魚下巴
鐵板燒
佐山椒醬汁

將大型鮪魚的嘴邊肉或下巴，放在鐵板上花時間燜煎。在濕潤又有咬勁的魚肉淋上鮮美香醇的辛辣醬汁就完成了。辣椒的分量可以依照個人喜好調整。

材料

鮪魚的下巴（帶皮）… 約800g
【預先調味的醃醬】
（將以下材料混合）
紹興酒 … 醃漬材料的量
醬油 … 少量
鹽、花椒、黑胡椒粒、
　　長蔥、生薑 … 各適量
【山椒醬汁】
（以下材料各取適量混合在一起）
香辣醬（自製辣椒醬）
大蒜（磨成泥）
生薑（磨成泥）
紹興酒、醬油、芝麻油
花椒、朝天椒（乾辣椒）
【香菜沙拉】
香菜、蔥油、鹽、磨碎的芝麻

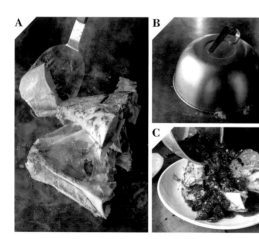

1　將鮪魚的下巴浸泡在醃醬中數小時預先調味。

2　在鐵板上倒入薄薄一層油，放上 **1** 的鮪魚肉（帶皮面朝下）【A】。蓋上銅帽，燜煎15 ～20分鐘【B】。中途暫時掀開銅帽，將鮪魚肉翻面，兩面都要煎到均勻上色。

3　將鮪魚肉加熱至中心熟透、帶有濕潤的口感，即可盛盤。淋上山椒醬汁【C】。最後放上香菜沙拉。

鐵板煎餃

將重達80g的大顆餃子做成「蒸餃」之後，在鐵板上倒入最低限度的油後煎過。這一道鐵板煎餃充滿了手擀餃子皮的Q軟口感和煎得焦焦脆脆的香氣。

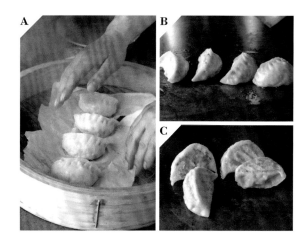

材料

手工餃子（餡料是豬肉、高麗菜、韭菜）
　…1個80g
沙拉（萵苣、胡蘿蔔等）
【佐料】（以下材料各取適量混合在一起）
醬油
醋
香辣醬（自製辣椒醬）

1　把餃子蒸熟【A】。

2　在鐵板上倒入薄薄一層油，將 1 排放在鐵板上【B】。

3　等餃子的底部變成金黃色之後換面，煎出漂亮的顏色【C】。

4　將沙拉鋪放在盤中，盛入 3，淋上佐料之後提供給客人。

烏龍茶炒飯

鐵板炒飯的優點就在於，用很少的油就能炒得更香更爽口，而且還可以做出「鍋巴」。這道炒飯的主角——烏龍茶的香氣也會變得更加突出。

材料

白飯 … 300g
烏龍茶（茶湯和茶葉）
蔥油
綠蘆筍（去皮之後切成一口大小）
鹽

1 沖泡烏龍茶之後，過濾掉茶葉。將茶葉稍微切碎。取一部分的茶葉清炸備用。在茶湯中加入少量的鹽調味。

2 取適量切碎的茶葉拌入白飯中。在鐵板上倒入薄薄一層油，放上茶葉拌飯之後，淋上 1 的茶湯約 150ml【A】，以煎鏟迅速翻拌【B】。

3 將 2 取出一部分置於一旁，以煎鏟壓平成薄薄一片【C】，淋上蔥油之後，慢慢地煎到變成金黃色為止（＝鍋巴）。煎出適中的硬度時翻面【D】，製作成硬脆的鍋巴。

4 將綠蘆筍放在 3 旁邊的鐵板上，蓋上 2，靜置片刻。然後以煎鏟混拌全體，炒到水分蒸發即完成炒飯【E】。

5 將炒飯盛入盤中，切開鍋巴豎立在炒飯的周圍【F】。撒上炸好的茶葉。

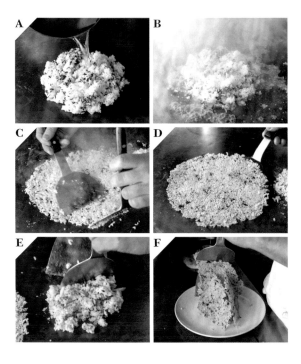

炒粗麵

充滿中式風味的醬燒炒麵。就像製作芡汁炒麵時一樣，將麵條的兩面煎過（上下兩面很酥脆，內部則很鬆軟），然後沾裹醬汁。荷包蛋是應客人的要求放上去的。

材料

油麵（粗麵）
細蔥
自製調味醬汁
蛋（分成蛋白和蛋黃）
香菜
甜椒（紅、黃／切成碎末）

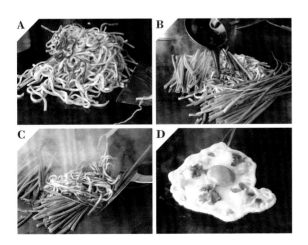

1　在鐵板上倒入薄薄一層油，放上油麵。煎到上色之後翻面【A】，兩個表面都煎到硬脆。加入細蔥、自製調味醬汁【B】，以煎鏟拌炒至全體混合均勻【C】。盛盤。

2　將蛋白倒在鐵板上，在表面撒上香菜、甜椒。等底部凝固後，將蛋黃放在中心位置【D】，蓋上銅帽燜煎。蛋黃變熱之後，將整顆蛋盛放在 1 的上面。

Teppanyaki TAMAYURA
鉄板焼たまゆら
東京・中目黒

擴展日本
鐵板燒的範疇

店主石原隆司先生最初構想出「以親民的價格提供正統鐵板燒的街坊餐廳」，已經是20年前的事了。他去美國留學時在當地的高級鐵板燒店打工，成為他日後踏進這一行的契機。日本的鐵板燒是以高級飯店內的餐廳為主流，但他十分確信，對於現代熱愛美食的年輕族群應該更具有吸引力。

因此，首先他進入RESORTTRUST集團（擁有鐵板燒餐廳的連鎖度假飯店）工作。在營業和管理等方面累積了扎實的經驗之後，在2019年10月終於實現了夢想。石原先生自己擔任服務的工作。

店鋪帶有休閒時尚的氣氛，晚餐是肥肝焦糖布丁、海膽牛肉捲、黑毛和牛的牛排等，包含的內容是與高級鐵板燒店幾乎相同的8品套餐，價格由8,800日圓起跳。即使價格降到相當平實，「廚師和客人面對面，在客人面前一道一道地製作料理」這項鐵板燒的本質並沒有改變。

前任主廚出身自日式料理界，而現在擔任主廚職務的小松守先生，擁有長期在名古屋的數家飯店製作洋食的經驗，他曾在名古屋溫斯頓飯店（現今的八事名古屋斯特令格飯店）擔任鐵板燒的主廚。店內還備有日式和西式的單品料理，也漸漸做出有名的料理。從本地客人平日的用餐到年輕世代在特別的節日前來用餐，這家店抓住了廣大的消費客層，拓展了日本引以為傲的料理文化TEPPANYAKI的範疇。

主餐廳有L型吧台座位11席，鐵板2塊。更裡面還有鐵板和一桌4席的「主廚的餐桌」空間，以及8席的包廂。

口感十分滑順的「肥肝焦糖布丁」，與鐵板料理並列為招牌料理。出身自愛知縣的小松先生因為擔任此店的主廚，第一次在東京工作。回頭客大多數都是點主廚精選套餐。

DATA

地址	東京都目黒区上目黒1-26-1-317 中目黒アトラスタワーアネックス3F
電話	03-5724-3777
URL	eternalchallenge.co.jp
營業時間	11:30 ～ 15:00　17:30 ～ 23:00　週一公休
價格範例	【午餐】990 ～ 5,280日圓
	【晚餐套餐】8,800 ～ 17,600日圓
	【氣仙沼產魚翅鐵板燒】3,080日圓
	【黑毛和牛沙朗牛排（100g ～）】5,280日圓～

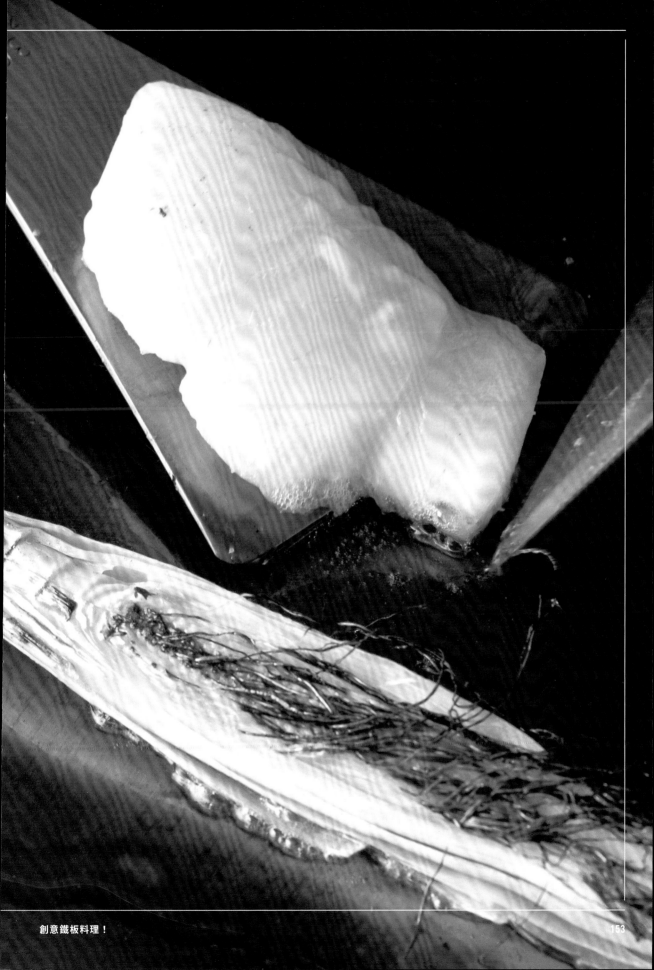

水手風味鮮魚

水手風味（marinier）指的是用魚高湯、紅蔥頭、奶油等來烹煮海鮮的料理。為了突顯出新鮮度，魚用鐵板煎過之後，再快速煮一下即可。以蔬菜來表現季節感。

材料（套餐用1盤份）

白肉魚的切塊（真鯛等）… 40g

玉米筍 … 1根

紅蔥頭（切成碎末）… ½個

蘑菇（切片）… ½個

魚高湯 … 30ml

番茄（切成小丁）… ⅛個

青蔥（切成蔥花）… 適量

奶油 … 適量

菜籽油

鹽、胡椒

1　在白肉魚的切塊撒上鹽、胡椒，帶皮面塗上多
　　一點的奶油【A】，將那一面朝下放在250℃的
　　鐵板上。

2　魚肉那一面也塗上多一點的奶油【B】。在旁
　　邊倒入菜籽油，放上玉米筍一起煎【C】。

3　將橢圓形鍋子放在鐵板上，放入奶油加熱融化
　　之後，放入紅蔥頭稍微炒一下，再加入蘑菇一
　　起拌炒。倒入魚高湯【D】，稍微煮滾一下就
　　可以關火了。

4　將魚肉（帶皮面朝上）放入 **3** 的鍋子裡加熱，
　　從帶皮面的上方澆淋醬汁【E】。

5　將魚肉和玉米筍盛盤。在 **4** 的鍋中加入番茄
　　和青蔥，稍微煮乾水分之後澆淋在魚肉上。

鐵板燒
凱薩沙拉

沙拉也可以做成鐵板燒嗎？想知道這個祕密而點這道沙拉的女性客人很多。盤子裡的東西全都是以鐵板烹調。當場點火燃燒可以炒熱現場氣氛。蛋不是直接打在鐵板上，而是從容器中倒出，這個細心的動作也很重要。

材料

培根（切成長方形）
蘑菇（切片）
蘿蔓萵苣（切半）
白蘭地
全蛋
E.V.橄欖油、鹽、胡椒、黑胡椒
帕馬森乳酪
【沙拉淋醬】（以下列的比例混合）
美乃滋 … 1
牛奶 … 1
乳酪粉 … 0.5
檸檬汁 … 0.5
大蒜（磨成泥）… 0.1
黑胡椒 … 適量

1　將E.V.橄欖油倒在200℃的鐵板上，煎培根。過一會兒之後，將蘑菇放在培根的旁邊煎熟。

2　將切半的蘿蔓萵苣擺放在鐵板上，淋上E.V.橄欖油【A】。灑上白蘭地之後點火燃燒【B】。切成容易入口的大小【C】，撒上鹽、胡椒之後盛盤。放上 **1**。

3　將蛋打入容器再倒在鐵板上，撒上鹽【D】。蓋上銅帽，將煎鏟插入底部，並從縫隙倒入少量的水【E】。等蛋黃的表面變白之後，將黑胡椒磨碎撒在上面，然後擺在 **2** 上。

4　磨碎帕馬森乳酪撒在上面，倒入沙拉淋醬。

鐵板
熱番茄沙拉

店家表示「番茄加熱過後，茄紅素的吸收率會變成3倍」。點火燃燒時，選用味道十分契合的柑橘利口酒。像義式開胃菜「普切塔」一樣，放在長棍麵包上面也很美味。

材料 （2盤份）

番茄（用熱水汆燙去皮）… 1個
大蒜（切成碎末）… 1小匙
長棍麵包（切片）… 4片
君度橙酒（或柑曼怡香橙干邑甜酒）… 20ml
E.V.橄欖油
松露鹽、芝麻菜

1　將E.V.橄欖油倒在200℃的鐵板上，放上大蒜加熱到冒出香氣且上色。把大蒜放在煎鏟上，以另一支煎鏟按壓，瀝除多餘的油分，然後放在鐵板的邊緣備用。

2　用鐵板把長棍麵包的兩面煎過。

3　將E.V.橄欖油倒在鐵板上，放上番茄之後從上方淋油【A】，灑上君度橙酒並點火燃燒【B】。將番茄縱切成一半，切面朝下，橫向切成 1/2，縱向再切成 1/2。稍微撒點鹽【C】。翻面之後繼續煎。

4　將 **3** 盛盤，放上 **1** 之後淋上E.V.橄欖油。附上松露鹽、芝麻菜、**2**。

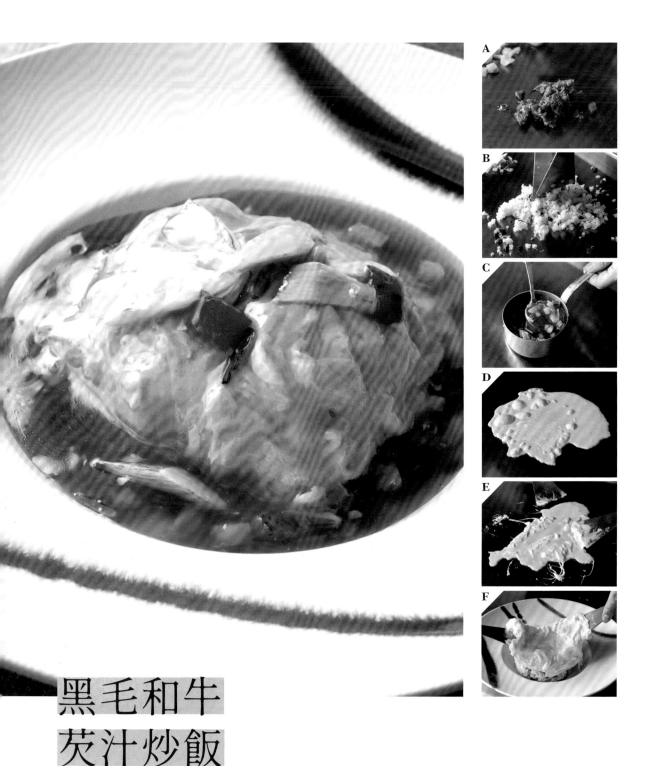

A

B

C

D

E

F

黑毛和牛
芡汁炒飯

以在周邊工作的人為對象,提供價格990日圓、主菜為黑毛和牛芡汁炒飯的特價午餐(附前菜、味噌湯、醃漬小菜、雪酪、咖啡)。先炒加入黑毛和牛時雨煮的炒飯,接著炒要加入和風芡汁中的蔬菜,最後煎蛋包,充分活用鐵板來製作。

材料

黑毛和牛時雨煮

a	洋蔥（切成小丁）
	胡蘿蔔（切成小丁）

當季蔬菜（胡桃南瓜、茭白筍、平莢四
季豆、甘長辣椒等）
白飯
全蛋
鮮奶油
菜籽油
【芡汁】＊（以下列的比例混合）

b	昆布柴魚高湯 … 6
	味醂 … 1
	薄口醬油 … 1

芝麻油、玉米粉 … 各適量

＊將 b 加熱使酒精蒸發之後，加入
芝麻油、用水調勻的玉米粉勾芡。

1　黑毛和牛時雨煮是將有馬山椒、薑泥、醬油、味醂、
　　酒、砂糖放入鍋中加熱，然後加入牛肉的邊角肉煮乾
　　水分而成。

2　將菜籽油倒在200℃的鐵板上煎 a，同時放上切成一
　　口大小的當季蔬菜煎熟。將做好的時雨煮放在鐵板上
　　加熱【A】。

3　將白飯、時雨煮依序放在 a 的上面一起拌炒【B】。
　　立起煎鏟以切拌的方式炒飯，偶爾剷起炒飯再放下，
　　把飯炒成乾鬆的狀態。盛入飯碗之後弄平表面，倒扣
　　在盤中。

4　在小鍋中倒入芡汁以鐵板加熱，加入 2 的當季蔬菜
　　【C】。

5　在全蛋的蛋液中加入鮮奶油稀釋，將油倒在鐵板上，
　　然後再倒入蛋液【D】。加熱時用煎鏟把蛋液往中央
　　集中【E】，煎至半熟狀時舀起來，覆蓋在 3 的上面
　　【F】。最後澆淋 4 的芡汁。

黑毛和牛
煎飯糰茶泡飯

使用鐵板製作的煎飯糰，帶有淡淡的焦色。作為套餐尾聲的餐
點，可以選擇這道煎飯糰茶泡飯或是蒜香炒飯、冷素麵。

材料

白飯	薄口醬油
黑毛和牛時雨煮	山葵（磨成泥）
（參照炒飯）	白芝麻
菜籽油	海苔絲
昆布柴魚高湯	

1　在飯糰中包入黑毛和牛時雨煮。將菜籽油倒在250℃的
　　鐵板上，煎飯糰的兩面【A】。

2　將高湯（以薄口醬油調味）裝在小鍋中加熱。

3　將煎好的飯糰盛入碗中，上面擺放山葵泥。倒入 2，
　　再放上白芝麻和海苔絲。

A

氣仙沼產
魚翅鐵板燒

肉料理的主角是黑毛和牛，至於海鮮料理則是把魚翅當作招牌料理。利用帶有日式生薑風味的奶油醬汁來展現個性。套餐是附上1片魚翅，單點則是附上2片。

材料（套餐用1盤份）

魚翅（預先煮熟）… 20g
粗粒小麥粉 … 適量
長棍麵包（切片）… 1片
荷蘭芹（切成碎末）… 適量
烏賊細絲（清炸）… 1小撮
E.V. 橄欖油
【蘑菇醬】* （19人份）
蘑菇（切成碎末）… 1kg
紅蔥頭（切成碎末）… 100g
奶油 … 100g　鹽、胡椒
【生薑奶油醬汁】**
（45人份）

a ｜ 水 … 400ml
　　鮮奶油 … 300g
　　澄清雞湯 … 10g
　　生薑汁 … 30g
　　酒 … 20g　味醂 … 10g
　　薄口醬油 … 10g
　　鹽 … 適量

玉米粉 … 適量

＊蘑菇和紅蔥頭用奶油充分炒過之後，撒上鹽、胡椒。

＊＊將 **a** 放入鍋中，適度煮乾水分之後，加入用水調勻的玉米粉勾芡。

1　將魚翅（泡軟之後，與生薑、長蔥一起用高湯烹煮）沾裹上粗粒小麥粉。蘑菇醬和生薑奶油醬汁分別裝入小鍋中備用【**A**】。

2　將 E.V. 橄欖油倒在 200℃ 的鐵板上，然後放上魚翅和長棍麵包，分別把兩面都煎過【**B**】。

3　將蘑菇醬和生薑奶油醬汁放在鐵板上加熱。

4　將蘑菇醬倒入盤中，盛放魚翅之後淋上生薑奶油醬汁。撒上荷蘭芹，再放上烏賊細絲。一旁附上長棍麵包。

A 　**B**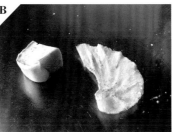

火腿乳酪三明治

當作「前菜・單品料理」提供。分食的話，可作為佐葡萄酒的輕食。順道一提，套餐的牛排底下會墊著吐司端出。吃完牛肉之後，將吐司收回放在鐵板上煎，再夾入山藥和特製醬汁。

材料（1盤份）

切邊吐司 … 2片
切達乳酪（切片） … 2片
火腿（切片） … 1片

1　完全不倒油，將2片吐司直接放在200℃的鐵板上。以乳酪片夾住火腿，放在其中一片吐司上【A】，另一片吐司則是翻面之後蓋上去。

2　蓋上銅帽煎吐司（中途暫時掀開銅帽，將吐司翻面）【B】。

3　吐司的兩面都煎出均勻的焦色之後，將2支煎鏟插入吐司的中央【C】，移動其中一支煎鏟切開吐司。接著再分切成一半【D】，盛盤。

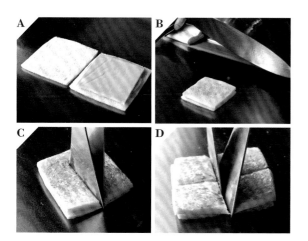

TAKAMARU DENKI

高丸電氣

東京・澀谷

鐵板的臨場感、快速感
正是「現代」的感覺。

招牌是一個「氣」字的霓虹燈。店鋪位於住商混合大樓的2樓，入口也很難辨識。隱密的地點產生口耳相傳的效果。

這是一家有效率地使用鐵板，確立與眾不同的獨特風格的新式居酒屋。在店內的4個中島廚房配置了客席，並成功創造出亞洲路邊攤風格的熱鬧感，聚集了20～40多歲對潮流非常敏銳的客人，天天都座無虛席。

本店的代表高丸聖次先生，是將曾經引領檸檬沙瓦風潮、位於東京惠比壽的「晚酌屋おじんじょ」經營成熱門店家的人，這家高丸電氣是他的第二家店。「概念是創造出像置身在『廚房裡面』的氣氛。依照這個主題，引進了尺寸較小的鐵板。我覺得鐵板燒的簡單明瞭、臨場感和快速的烹調，與現今這個時代相當契合。」（高丸先生）。

料理台和客席的一體感創造出像路邊攤的活潑氣氛。素材和菜單內容會不斷更新。店家的理想是提供客人「高品質但價格合理」的料理。

菜色大約有45道，其中有接近三成的料理是以鐵板烹調。讓炒蛋、炒麵這類超、超熟悉的料理擁有這家店才有的個性和變化，使它們成為知名的料理。

「居酒屋提供的鐵板燒，重要的是要做『不難做』的料理。商品設計──是鬆軟的？是酥脆的？還是充分煎熟的？──在作法上要訂定得簡單又明確，製作出不偏不倚、不會添加麻煩的料理。」

店裡的招牌料理之一「炒蛋」，大面積地使用鐵板一口氣加熱，炒成裡面半熟，全體蓬鬆柔軟。因為先將基底的蛋液和自製醬汁集中一次備料，所以可以提供品質穩定的商品。店家雖然大力讚揚鐵板，卻刻意縮減鐵板菜單的品項，以提高精準度。而且藉由添加當季食材做的頂料或淋上自製的醬汁，累積味道的多樣性，這就是店家採取的戰略。

該店代表高丸聖次先生出身自日本廣島縣。從小就常接觸到鐵板的他，嘗試打造出一家融入鐵板燒的居酒屋。店名源自老家的電器行。開業時間是2020年7月。

DATA

地址 東京都渋谷区東1-25-5 フィルパーク渋谷東2階

電話 090-3502-9747

URL www.instagram.com/ takamaru_denki/

營業時間 12:00 ～ 23:30

價格範例 【炒麵】660日圓（＋豬五花肉330日圓＋韭菜花440日圓）【炒蛋】660日圓（＋爆量帕馬森乳酪330日圓）

炒麵
＋豬五花肉
＋韭菜花

採用人氣製麵名店「開化樓」的特製麵條。充滿居酒屋的感覺，將較粗的麵條炒到仍保有咬勁，做成一道可以下酒又能填飽肚子的料理。山椒的香氣和濃郁的醬汁具有畫龍點睛的效果。

材料（1盤份）

油麵（淺草、開化樓製）… 150g
自製炒麵醬汁[*] … 適量
豬五花肉（切成薄片）… 40g
韭菜花（高知產）… 40g（約20根）
花椒 … 少量
鹽、胡椒

＊以紹興酒、蠔油等混合而成。

1　油麵先以蒸鍋蒸好備用（蒸過後會產生特有的扎實嚼勁，可以縮短烹調時間）。

2　將少量的油倒在鐵板上，一邊撥散油麵一邊拌炒。把油麵炒出脆硬的口感【A】。

3　同時拌炒點綴的配料。豬五花肉切成一口大小之後炒熟，韭菜花倒入少量的水，蓋上銅帽燜煎。兩者分別以鹽、胡椒調味【B】。

4　等油麵的表面變脆硬，開始變得緊實時，加入炒麵醬汁【C】充分拌炒，使油麵沾裹上醬汁。盛盤，將點綴的配料盛放在油麵的上面，然後磨碎花椒撒上。

＊上頭用來點綴的配料與「炒蛋」的食材通用，可以從大約20種當中選擇自己喜歡的。

炒蛋
佐香辣番茄醬汁
＋爆量帕馬森乳酪

最受歡迎的炒蛋。將蛋液倒在鐵板上，一口氣加熱之後，輕輕地向中央推，完成中間呈半熟狀的炒蛋。搭配上充滿香料風味、口味清爽的番茄醬汁。另外還有搭配黑醋蠔油醬汁的版本。

材料

a | 全蛋 … 40個
| 柴魚高湯（二次高湯） … 適量
| 鹽 … 適量
| 砂糖 … 適量

帕馬森乳酪
荷蘭芹（切成碎末）

【香辣番茄醬汁】*

b | 小茴香籽 … 20g
| 芫荽籽 … 20g

c | 切丁番茄（罐頭） … 2550g
| 橄欖油 … 30g

印度綜合香料（Garam Masala） … 少量
鹽、油

＊先將 **b** 用油拌炒，使香氣轉移到油中，與 **c** 混合後稍微加熱，再以印度綜合香料和鹽調味而成。提供給客人時，取出要食用的分量放入長方形深盤中，以鐵板加熱。

1　準備蛋液。將 **a** 混合之後過濾蛋液。

2　將蛋液（約200ml）倒在鐵板上【A】，以煎鏟大動作地翻炒，讓內部飽含空氣，然後從邊緣輕輕向中央推【B】，使蛋液鬆鬆地聚攏成一團【C】、【D】。

3　盛入盤中，由上方澆淋大量加熱過的香辣番茄醬汁。刨下帕馬森乳酪撒在上面，再撒上切碎的荷蘭芹。

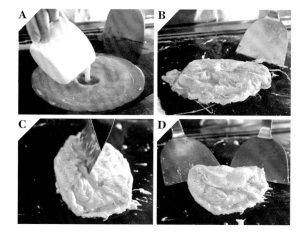

極品金針菇
酒盜奶油燒

高知縣所生產的「極品金針菇」甜味濃郁，生食也OK，這是使用一整株的金針菇製作而成的知名料理。蓋上銅帽慢慢地燜煎，加熱到中心熟透為止。

材料（1盤份）

金針菇（高知產「極品金針菇」）… 1株
奶油 … 適量
鯛魚酒盜 … 適量
a 醬油
黑胡椒
培根（切片）… 1片
荷蘭芹（切成碎末）… 適量
檸檬（切塊）… 1塊

1　在鐵板上倒入少量的油，切除金針菇的根部之後，將整株金針菇放在鐵板上。倒入少量的水【A】，蓋上銅帽燜煎金針菇。中途要翻面。

2　將鯛魚酒盜（加入 a 調整味道）和奶油一起放入長方形深盆中，然後放在鐵板上加熱【B】。接著在旁邊煎培根。

3　掀開銅帽，讓金針菇釋出的水分與全體融合。將奶油已溶勻的 2 的醬汁，以畫圓的方式淋在金針菇上【C】。盛盤之後放上培根。撒上荷蘭芹，添附檸檬。

小茴香
炒雞頸肉蓮藕

將雞頸肉慢慢地加熱,可以突顯出扎實的口感和肉的鮮美。蓮藕也慢慢地加熱,提引出甜味。

材料

雞頸肉 … 80g	醬油醬汁*
蓮藕(切成薄片)… 60g	鹽、胡椒
蒜薹 … 40g	白髮蔥絲
小茴香(籽和粉)	辣椒絲
… 各適量	

＊以醬油、蠔油、芝麻油、大蒜、生薑、豆瓣醬等混合而成。

1 雞頸肉切成一口大小。將多一點的油倒在鐵板上加熱,雞頸肉撒上鹽、小茴香籽之後,放在鐵板上煎。因為屬於較硬的部分,所以要慢慢地加熱【A】。

2 同時在鐵板上煎蓮藕。稍微撒點鹽、胡椒,煎熟之後,以畫圓的方式淋上醬油醬汁【B】,加入切成2cm長的蒜薹,與 1 一起拌炒。完成時撒上小茴香粉。盛盤,放上白髮蔥絲和辣椒絲。

A

B

KONAMONO SHOUTEN
創作鉄板 粉者燒天

東京・田町

以獨特性和性價比進攻的牛排&大阪燒

「鐵板王 代表董事 煎烤」。經營本店的（株）タガタメ的代表鈴木雅史先生，他的名片上印著這個頭銜。2013年他在老家當地的千葉縣船橋市開設了「創作鐵板粉者總店」，目前經營的店包括東京・錦糸町「粉者東京」、人形町「粉者牛師」、三田「粉者燒天」，以及船橋的燒肉店。2021年3月他在惠比壽開設「とり料理 鳥者（雞肉料理 鳥者）」。「必須變成代表『鳥締』*。」鈴木先生表示：「餐飲業是一個取悅他人的工作。味道、價格、視覺、命名都包含在內，不論在哪裡都應該提供令人綻放笑容的東西。」這個信念頗為真誠。

粉者成功的原因，應該在於它完全具體實現了庶民渴望的鐵板燒店吧。理當要價數萬日圓的黑毛和牛牛排套餐，價格由5,000日圓起跳。大家夢寐以求的夏多布里昂牛排，以「成本價幾乎100％」的100g價格4,180日圓提供。而另一方面，在高級店裡沒有的麵食料理與居酒屋口味的單品料理共存。那也是非常獨特的亮點。店內的「招牌鬆軟燒」是先決定好「日本第一輕盈的大阪燒」這樣的標語，再不斷摸索試做麵糊，創造出只煎單面就捲起來這種新的風格。

大約20名員工幾乎都是20多歲的年輕人。為了提升員工鐵板燒的技術和學習動機，公司內部還制定了「燒人」的資格制度，只要是考試合格者，就能夠站在客人面前服務，還會加薪。此外，為此之故，公司允許員工以半價練習煎肉。鐵板王似乎也不遺餘力地支持員工獨立門戶或在公司內創業。

*譯注：代表董事的日文為「代表取締」，與「代表鳥締」同音，意即表達鈴木先生欲發展雞肉料理的決心。

31坪38席。將4組碳素燈管加熱式鐵板設置成中島式煎台。店內的空間規劃方面，餐桌座位可以隔著吧台服務，包廂則由工作人員從廚房的小窗提供服務。店長吉田泰助先生在營業前後反覆進行鐵板燒的特別訓練，「燒人」考試一次就合格。

鈴木先生表示，粉者的店名是為了對大阪燒店的家傳事業表達感謝之意。因為鐵板燒必須培訓煎台手，所以目前預定在日本全國展開燒肉店的加盟連鎖事業。

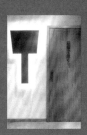

DATA

地址	東京都港区芝5-9-8 GEMS田町8F
電話	03-6275-1929
URL	r.gnavi.co.jp/m7yexfx80000
營業時間	11:30～14:00（週一～五） 17:00～23:00 不定時公休
價格範例	【套餐】5,478日圓～ 【超級洋蔥】748日圓 【招牌絕品三明治】1,980日圓

招牌鬆軟燒

麵糊只煎單面，捲起來淋上醬汁之後，利用餘溫加熱到接近全
熟為止。最後放在上面的蛋也是靠鐵板的熱度，重點在於要煎
到「介於液體與固體之間」絕妙的半熟狀態。

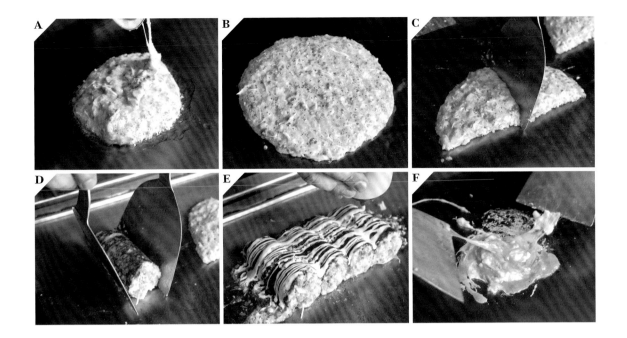

材料

a | 大阪燒的麵糊
　| 牛肉鬆*
　| 高麗菜（切成細絲）
　| 全蛋
　| 炸麵球

【點綴的配料】

全蛋
柴魚片
大阪燒醬汁
自製美乃滋
自製芥末醬
青海苔

＊將牛排的邊角肉絞碎成絞肉，煎過後再與醬油、味醂、砂糖、洋蔥一起燉煮。

1　將 a 放入缽盆中，用湯匙撥散牛肉鬆之後，迅速攪拌讓麵糊飽含空氣。

2　在鐵板的高溫區倒入多一點的油，然後倒入 1【A】，將擴散開來的麵糊以煎鏟集中起來，調整成圓形後，放著先煎一下。表面漸漸冒出氣泡之後，氣泡周圍的麵糊就會開始凝固【B】。

3　大阪燒煎熟之後（大約4分鐘後），將煎鏟由四周插入大阪燒底下，從鐵板劃起來，分切成4份【C】。移到低溫區。

4　將大阪燒的 1/3 左右摺往內側，滾動之後蓋住剩餘的 1/3，做成捲筒狀【D】。

5　將4個大阪燒捲排列整齊，撒上柴魚片之後，以醬料擠壓瓶依序擠上大阪燒醬汁和自製美乃滋。將芥末醬擠成2條線【E】。以煎鏟一口氣劃起，盛入盤中。

6　將鐵板用煎鏟清理乾淨，在高溫區倒入多一點的油，然後把蛋打在鐵板上。立刻用一支煎鏟攪散蛋黃，以畫漩渦的方式迅速攪拌，同時以另一支煎鏟調整全體的形狀【F】。大約15秒就完成，放在 5 的上面。撒上青海苔，插入煎鏟即可端上桌。

一匙牡蠣

店家專攻肉類、麵食和時蔬料理，少數的海鮮料理之一就是這道。構想來自美味的大阪燒，以不使用麵粉的高湯山芋泥為底，香味則是靠文字燒仙貝來呈現。

材料

牡蠣（2L大小）	文字燒仙貝**
高湯山芋泥*	松露油***
大阪燒醬汁	奶油
自製美乃滋	低筋麵粉

＊將山芋磨成泥，以昆布柴魚高湯稀釋之後，加入青海苔。

＊＊將文字燒的麵糊在鐵板上薄薄地推平後煎製而成。

＊＊＊將小片的白松露放入E.V.橄欖油中浸泡，使風味轉移到油中。

1　將奶油放在鐵板的中溫區加熱融化，然後把兩面都沾裹上低筋麵粉的牡蠣（較平坦的那一面朝下）放在鐵板上【A】。

2　接著將高湯山芋泥倒在鐵板的高溫區【B】。立刻放上牡蠣【C】，加熱30秒左右，把高湯山芋泥煎硬。

3　在一開始放牡蠣的地方倒入多一點的油，然後將 2 翻面放在那裡【D】。

4　煎15秒之後，以醬料擠壓瓶依序擠上大阪燒醬汁和自製美乃滋。用煎鏟去除滴在鐵板上的醬汁，把牡蠣移到高溫區，再煎15秒左右。

5　盛入湯匙形狀的容器中，將文字燒仙貝剝碎，放在上面。在客人面前，將松露油用注射器注入牡蠣中【E】。

社長的下酒菜

海苔、日式年糕、生拌牛肉、烏魚子。將社長喜歡的食物分別做成一口大小，結合起來製作成這道「下酒菜」。隨著季節不同，或許會放上不一樣的食材，也帶有這種隨興的感覺。當作套餐的前菜供應。

材料

日式年糕薄片
韓國海苔
生拌黑毛和牛肉
芽蔥
烏魚子（冷凍備用）

1　將日式年糕薄片放在鐵板的高溫區，兩面都要煎過，注意不要煎焦【A】。

2　將韓國海苔鋪在盤中，放上 1【B】。

3　將一口大小的生拌牛肉以瓦斯噴槍迅速炙烤一下【C】，然後放在 2 的上面。

4　放上芽蔥，然後在客人的面前細細磨碎烏魚子撒上。

超級洋蔥

將烤箱料理改用鐵板來製作的一道料理。蓋上尺寸剛好的圓頂鐵板燒蓋,花30分鐘加熱洋蔥,充分引出它的甜味,煎出適度的口感與香氣。

材料

洋蔥
多蜜醬汁
自製芥末醬汁
油炸洋蔥酥
乾燥荷蘭芹
奶油、鹽、胡椒

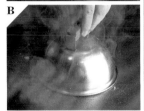

1　將帶皮的洋蔥切除上下兩端。

2　將油倒在鐵板的高溫區,然後放上洋蔥。撒上鹽、胡椒,放上奶油【A】。倒入水之後蓋上圓頂鐵板燒蓋【B】,移動到中溫區。

3　讓洋蔥燜煎30分鐘左右。中途視情況,如果水不夠的話就加水。翻面一次【C】。

4　在盤中倒入多蜜醬汁,放上 3 。

5　撒上油炸洋蔥酥與乾燥荷蘭芹。滴上幾滴芥末醬汁,用鐵籤畫線,描繪出心形。

招牌
絕品三明治

分析炸豬排三明治的鮮美滋味，改用牛排重新構築。牛肉的品牌或等級不拘，使用當時能夠買到的最佳肉品來製作，以A4-7等級的牛肉居多。加價550日圓還可以換成夏多布里昂牛排。

材料（1人份）

黑毛和牛菲力（厚2～3cm）… 40～50g
竹炭吐司（8片切）… ½片
自製芥末醬汁
油炸洋蔥酥
大阪燒醬汁
自製蔬菜醬汁*

＊將洋蔥和胡蘿蔔攪打成泥，然後以蛋和油乳化而成。

1　將油倒在鐵板的高溫區（260℃），放上黑毛和牛菲力。偶爾以煎鏟把周圍的油送入牛肉底下【A】。

2　花5分鐘左右煎牛肉（中途翻面3次。第一次翻面時，在煎過的那一面撒上鹽、胡椒，第二次翻面時也要撒上鹽和胡椒。一邊適度地添加油一邊煎）【B】。

3　進行 2 的工序時，同時把竹炭吐司放在鐵板的中溫區，煎到呈現漂亮的焦色【C】。

4　牛肉煎好時，將表面與底面貼著鐵板快速地加熱一下，然後移至砧板上。將側面薄薄地切掉一層，露出切面的紅色。

5　在客人面前，取一片吐司，將煎過的那一面朝下放在盤中，淋上芥末醬汁，放上牛肉，再放上油炸洋蔥酥【D】，然後依序淋上大阪燒醬汁、自製蔬菜醬汁，最後取一片吐司，將煎過的那一面朝上放在最上面。

國家圖書館出版品預行編目資料

鐵板燒究極技法全書 / 柴田書店編著；安珀譯.
-- 初版. -- 臺北市：臺灣東販股份有限公司，
2022.02
176面；18.8×25.7公分
ISBN 978-626-329-084-6（平裝）

1.CST: 烹飪 2.CST: 食譜

427.8   110022122

【日文版工作人員】
攝影：天方晴子（＋影片）　高見尊裕（p.66-79）　越田悟全（p.96-104）
藝術指導：細山田光宣
設計：能城成美（細山田設計事務所）
DTP：橫村 葵
編輯：渡辺由美子　木村真季（柴田書店）

TEPPANYAKI SHINKASURU WAZA TO THEME
© SHIBATA PUBLISHING CO., LTD. 2021
Originally published in Japan in 2021 by SHIBATA PUBLISHING CO., LTD. Tokyo.
Traditional Chinese translation rights arranged with SHIBATA PUBLISHING CO., LTD., Tokyo.,
through TOHAN CORPORATION, Tokyo.

鐵板燒究極技法全書

2022年2月1日初版第一刷發行
2023年8月1日初版第二刷發行

編　　著　柴田書店
譯　　者　安珀
主　　編　陳正芳
美術設計　黃瀞瑢
發 行 人　若森稔雄
發 行 所　台灣東販股份有限公司
　　　　　＜地址＞台北市南京東路4段130號2F-1
　　　　　＜電話＞（02）2577-8878
　　　　　＜傳真＞（02）2577-8896
　　　　　＜網址＞http://www.tohan.com.tw
郵撥帳號　1405049-4
法律顧問　蕭雄淋律師
總 經 銷　聯合發行股份有限公司
　　　　　＜電話＞（02）2917-8022